# 森林への誘い

## 活躍する「緑の研修生」

J-FIC

# はじめに

　国土の7割を占めている森林が充実期を迎えています。私たちの先人が植えて、育ててきた森林が、伐採して利用できるようになってきました。この豊かな森林を次代に引き継いでいくためには、適切な伐採・利用を進めて、新しい樹木を植えて、育てていくサイクルを持続できるようにしていかなければなりません。すなわち、林業の振興を図ることが、かつてなく重要になっています。

　こうした時代状況を背景として、森林で働く林業労働者への注目度が高まっています。林業の低迷が長引き、山村の過疎化などが進行したため、全国的に林業労働者は不足しており、これからの森林づくりを担っていける人材を育成していくことが急務になっています。

　本書は、このような中で林業に就業し、森林の現場で活躍している人たちにスポットを当てることで、これからの"人づくり"の一助になることを願って制作したものです。

　本書で取り上げる人たちは、いずれも国が実施している「緑の雇用」事業で行われている研修等を利用して林業に就業しており、「緑の研修生」と呼ばれています。林業の担い手の中心的存在として期待されている「緑の研修生」が実際にどのような仕事をしており、どのようなことを考えているのか。その"素顔"と"本音"の一端が、主として第2章と第3章から知ることができます。

　また、第1章では日本の森林・林業の現状について、第4章では林業への就業とキャリアアップの概要について解説し、第5章では隔年で開催されている「伐木チャンピオンシップ」の模様を紹介しています。巻末の参考資料とあわせて、これらの情報や事例などを、森林で働くことの意味と意義を考える際に役立ていただければ幸いです。

　本書の制作にあたっては、全国森林組合連合会をはじめご関係の皆さまに多大なるご協力をいただきました。ここに御礼を申し上げます。

　本書を通じて、多くの方が林業に関心と興味を持ち、就業して森林づくりの担い手としてご活躍いただけるようになることを願っています。

# 目次

はじめに ……………………………………………………………………………………… 3

## 第1章　森林・林業の現状と「緑の研修生」……………………………… 9
1．充実してきた日本の森林資源…………………………………………… 11
2．「林業の成長産業化」と直面する課題 ………………………………… 15
3．「緑の雇用」により新規就業者が増加………………………………… 18
4．林業労働の現状と今後の課題…………………………………………… 19

## 第2章　現場を支える「緑の研修生」 ─14人の日常─ ……………… 23
■父の意思を継いで、福島の山を守る
　　菊池優子（有限会社ウッド福生）……………………………………… 25
■3人のチームプレーで山火事跡地を再生
　　星野智哉・鈴木幸宏・渡辺恭平（桐生広域森林組合）……………… 28
■初心を忘れずに、リーダーを目指す
　　大塚貴寛（渋川広域森林組合）………………………………………… 32
■ふるさと・伊那の山をコンビで支える
　　北原健太郎・伊藤大輝（平澤林産有限会社）………………………… 35
■キャリアは違っても気持ちは一つ
　　小川貴弘・松井昭悟・東雄大・八ヶ婦幸宏（北姶良森林組合）…… 39
■家業を継ぎ、スキルアップを重ねる
　　南英宏（南木材有限会社）……………………………………………… 44
■班長として若手に任せながら育てる
　　松澤幸雄（長野森林組合）……………………………………………… 48
■学校で学んだ「林業」を現場で活かす
　　長山大（有限会社フォレストサービス）……………………………… 51

## 第3章　「緑の研修生」が描く未来　―トークショーから― ……… 55

■自然の中で技術を磨く
　　星野智哉・鈴木幸宏・大塚貴寛 ………………………………………… 57
■女性が活躍できる現場に
　　伊藤綾沙子・伊藤亜実・渋谷菜津子 …………………………………… 70
■世界レベルの技術者へ
　　片岡淳也・西山真・福山成宣 …………………………………………… 81

## 第4章　林業への就業とキャリアアップ ………………………… 91

1．就業への窓口 ……………………………………………………………… 93
　　（1）森林の仕事ガイダンス ……………………………………………… 93
■「森林の仕事ガイダンス2017」開催レポート …………………………… 94
　　（2）緑の青年就業準備給付金事業 …………………………………… 101
　　（3）林業就業支援講習 ………………………………………………… 101
2．「緑の雇用」事業 ………………………………………………………… 102
　　（1）「緑の雇用」とは …………………………………………………… 102
　　（2）「緑の雇用」Q＆A ………………………………………………… 104
3．森林の仕事紹介 ………………………………………………………… 107
　　（1）夏・秋編 …………………………………………………………… 107
　　（2）冬・春編 …………………………………………………………… 108

## 第5章　伐木チャンピオンシップ　―日本から世界へ― ……… 111

1．JLCとWLC ……………………………………………………………… 113
2．JLCの意義 ……………………………………………………………… 113
3．JLCの競技種目 ………………………………………………………… 114
4．第1回JLC ……………………………………………………………… 119
5．第2回JLC ……………………………………………………………… 121
6．JLCの今後 ……………………………………………………………… 123
■第1回JLC入賞者が語る伐木チャンピオンシップの魅力
　　先崎倫正（有限会社マル崎先崎林業）………………………………… 124

## 参考資料 ……………………………………………………………………… 129

### 1．森林・林業関係データ集 ……………………………………………………… 131
- （1）日本の森林面積 …………………………………………………… 131
- （2）都道府県別森林面積 ……………………………………………… 132
- （3）人工林の齢級別面積 ……………………………………………… 134
- （4）林業機械の普及台数 ……………………………………………… 135
- （5）丸太生産量 ………………………………………………………… 137
- （6）木材価格 …………………………………………………………… 138
- （7）林業従事者数の推移 ……………………………………………… 139
- （8）現場技能者として林業へ新規就業した者の推移 ……………… 139
- （9）森林組合の雇用労働者数の年間就業日数別割合の推移 ……… 140
- （10）森林組合の雇用労働者の賃金支払形態割合の推移 …………… 141
- （11）標準的賃金（日額）水準別の森林組合数の割合 ……………… 142
- （12）林業における労働災害発生の推移 ……………………………… 143
- （13）林業における死亡災害の発生状況（平成 24 〜 26 年合計）… 144

### 2．林業労働安全関係資料 ………………………………………………………… 145
- （1）イラストで見る林業労働安全 …………………………………… 145
- （2）林業で必要となる主な安全講習等 ……………………………… 151

### 3．森林・林業関係の主な法令・通知等 ………………………………………… 152
- （1）森林法 ……………………………………………………………… 152
- （2）森林・林業基本法 ………………………………………………… 154
- （3）林業労働力の確保の促進に関する法律 ………………………… 157
- （4）労働安全衛生法 …………………………………………………… 160
- （5）労働安全衛生法施行令 …………………………………………… 164
- （6）労働安全衛生規則 ………………………………………………… 165
- （7）労働安全衛生特別教育規程 ……………………………………… 169
- （8）「緑の雇用」現場技能者育成推進事業実施要領 ………………… 173

### 4．森林・林業関係の主な問い合わせ先 ………………………………………… 200
- （1）林業労働力確保支援センター一覧 ……………………………… 200
- （2）都道府県森林組合連合会一覧 …………………………………… 201

# 森林・林業の現状と「緑の研修生」

日本の森林が充実期を迎えています。
しかし一方で、木材価格の低迷によって林業の採算性が悪化しており、
森林所有者の「山離れ」（所有や経営の放棄）も進んでいます。
このままでは、国産材を安定的に供給することができなくなり、
森林の持つ多面的機能の発揮にも影響が及びかねません。
こうした現状を打開するためには、
これからの林業を担っていける人材の育成が急務です。
その中心となる「緑の研修生」への期待が高まっています。

第1章　森林・林業の現状と「緑の研修生」

## 1．充実してきた日本の森林資源

　日本では、第2次世界大戦直後から、スギ・ヒノキ等を植えて育てる人工林の造成が積極的に進められてきました。現在では、国土面積の3分の2にあたる約2,500万haの森林面積があります（図1）。

　特に、人工林面積は国土の2割以上を占める約1,000万haに及んでいます（図2）。

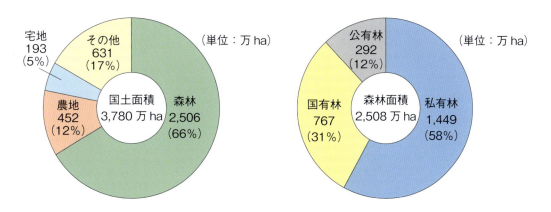

図1　国土面積と森林面積の内訳

資料：国土交通省「平成27年度土地に関する動向」
　　　（国土面積は平成26年の数値）
注1：計の不一致は、四捨五入による。
注2：林野庁「森林資源の現況」とは森林面積の調査
　　　手法及び時点が異なる。

資料：林野庁「森林資源の現況」
　　　（平成24年3月31日現在）

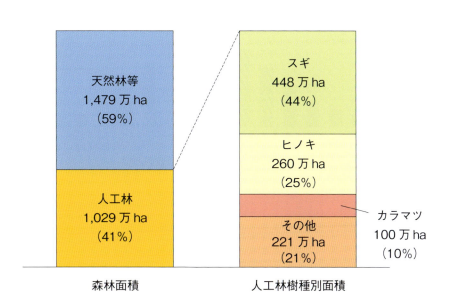

図2　森林面積と人工林樹種別面積
資料：林野庁「森林資源の現況」（平成24年3月31日現在）

11

森林の蓄積（森林を構成する樹木の体積）も毎年約1億m³のペースで増加しており、現在では約49億m³に達しています（図3）。

　今や日本は、世界有数の森林国になったということができます。

　これまで日本の人工林の多くは、間伐などの手入れが必要な育成段階にありましたが、今ではその約5割が10齢級（50年生）以上の高齢級に移行しており、主伐による本格的な利用が可能になってきています（図4）。

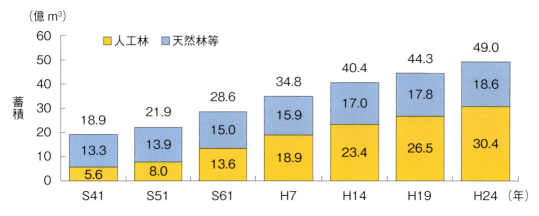

図3　森林蓄積の推移

資料：林野庁「森林資源の現況」（各年の3月31日現在の数値）
注：総数と内訳の計の不一致は、単位未満の四捨五入による。

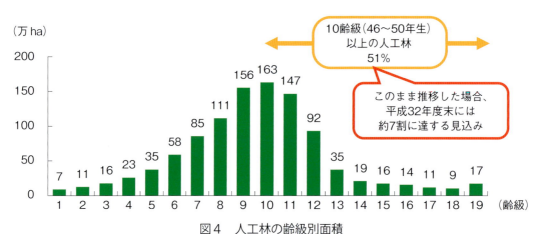

図4　人工林の齢級別面積

資料：林野庁「森林資源の現況」（平成24年3月31日現在）
注1：齢級（人工林）は、林齢を5年の幅でくくった単位。苗木を植栽した年を1年生として、1～5年生を「1齢級」と数える。
注2：森林法第5条及び第7条2に基づく森林計画の対象となる森林の面積。

このように充実してきた森林資源については、「植えて→育てて→使って→植える」というサイクルの中で循環利用を進めることが大切です。伐採した後の再造林や間伐等の手入れ（図5）が適切に実施されてこそ、国土の保全や水源の涵養、地球温暖化の防止など、貨幣価値に換算して年間70兆円以上といわれる森林の持つ多面的機能（図6）を発揮できるからです。

　この「植えて→育てて→使って→植える」というサイクルを維持していくためには、国産材の利用を推進することが重要です。国産材の利用は、木材産業の振興を通じて地域経済の活性化につながるとともに、国産材の販売によって生み出された収益が森林所有者や林業者に還元されることによって、森林整備が促進されることになります。

　木材は再生可能な資源であり、住宅や家具等に利用されることで、長期間にわたって炭素を貯蔵する「第2の森林」としての役割を果たしています。さらに、製造時にエネルギーを多く消費する鉄骨等の資材や化石燃料の代わりに木材を利用することで、二酸化炭素の排出を抑制し、地球温暖化の防止に貢献することができます。

図5　森林の適切な整備のイメージ
資料：林野庁「森林・林業・木材産業の現状と課題」を元に一部改変。

○ 土砂災害防止／土壌保全
・表面侵食防止【28兆2,565億円】
・表層崩壊防止【8兆4,421億円】等

○ 水源涵養
・洪水緩和【6兆4,686億円】
・水資源貯留【8兆7,407億円】
・水質浄化【14兆6,361億円】等

○ 保健・レクリエーション
・保養【2兆2,546億円】
・行楽、スポーツ、療養

○ 地球環境保全
・二酸化炭素吸収【1兆2,391億円】
・化石燃料代替エネルギー【2,261億円】
・地球の気候の安定

○ 物質生産
・木材（建築材、燃料材等）
・食料（きのこ、山菜等）等

○ 生物多様性保全
・遺伝子保全
・生物種保全
・生態系保全

○ 快適環境形成
・気候緩和
・大気浄化
・快適生活環境形成

○ 文化
・景観・風致　・宗教・祭礼
・学習・教育　・伝統文化
・芸術　　　　・地域の多様性維持

資料：日本学術会議答申「地球環境・人間生活にかかわる農業及び森林の多面的機能の評価について」及び同関連付属資料（平成13年11月）
注：【】内の金額は、森林の多面的機能のうち、物理的な機能を中心に貨幣評価が可能な一部の機能について評価（年間）したもの。いずれの評価方法も、一定の仮定の範囲においての数字であり、その適用に当たっては注意が必要。

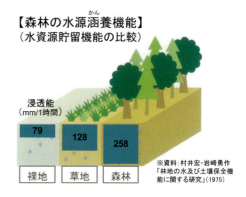

図6　森林の有する多面的機能

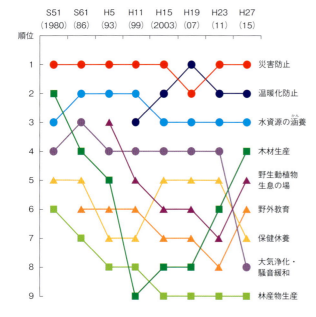

図7　国民が森林に期待する働き

資料：総理府「森林・林業に関する世論調査」（昭和55年）、「みどりと木に関する世論調査」（昭和61年）、「森林とみどりに関する世論調査」（平成5年）、「森林と生活に関する世論調査」（平成11年）、内閣府「森林と生活に関する世論調査」（平成15年、平成19年、平成23年）、農林水産省「森林資源の循環利用に関する意識・意向調査」（平成27年）
注1：回答は、選択肢の中から3つまでを選ぶ複数回答。
注2：選択肢は、特にない、わからない、その他を除いて記載。

## 2.「林業の成長産業化」と直面する課題

　日本の森林が充実期に入ってきたことを踏まえて、政府は、「林業の成長産業化」に国を挙げて取り組むことにしています。

　平成28（2016）年6月2日に閣議決定した「日本再興戦略2016」では、「林業の成長産業化」として、「新たな木材需要の創出」と「原木の安定供給体制の構築」を推進していくことを重点課題に据えました（表1）。

　日本の将来を支える産業分野の1つとして「林業」を位置づけ、その「成長産業化」を実現することが国家的目標であるとしたのです。

　しかし、この目標を達成するためには、大きな課題を解決する必要があります。それは、林業経営を成り立たせることです。

表1　「日本再興戦略2016」における「林業の成長産業化」に関する記述

① 新たな木材需要の創出
・新国立競技場において国産材を積極利用するなど、住宅分野に加え、公共建築物、商業施設、中高層建築物の木造・木質化を推進する。このため、CLT（直交集成板）、木質系耐火部材などの新たな木材製品の活用に向け、本年4月までに整備した建築基準法（昭和25年法律第201号）に基づく告示を踏まえ、CLTの建築材料としての普及促進を進めるとともに、各地の工務店をはじめ実務者が取り組みやすい設計・施工ノウハウの普及、木造建築に強い人材の育成、新たな木材製品の生産体制の充実と耐震性能の実証を含めた更なる研究開発の推進等に取り組む。また、公共建築物等における木材の利用の促進に関する法律（平成22年法律第36号）の見直しを含め、これまで木造によることの少なかった建築物等の木造・木質化の推進に向けて更なる施策を検討する。
・あわせて、木質バイオマスの利用促進や、セルロースナノファイバー（鋼鉄と同等の強さを持つ一方で、重量は5分の1という特徴をもつ超微細植物結晶繊維）の国際標準化・製品化に向けた研究開発、木材の約3割を占める成分であるリグニンを用いた高付加価値製品の研究開発を進める。
② 原木の安定供給体制の構築
・国産原木の弱みである小規模・分散的な供給を改善し、大ロットで安定的・効率的な供給が可能となるよう、引き続き、森林境界・所有者の明確化、地理空間情報（G空間情報）とICTの活用による森林情報の把握、路網の整備、高性能林業機械の開発・導入等や計画的な森林整備（「花粉症ゼロ社会」を目指した花粉の少ない森林への転換を含む。）を推進する。その際、森林法等の一部を改正する法律（平成28年法律第44号）により、市町村による林地台帳の整備や、共有者の一部が所在不明であっても共有林の伐採を可能とする等の措置が講じられたところであり、これらの措置の周知・活用により、森林施業の集約化を加速する。あわせて、大規模製材・合板工場等が、大ロットの原木を適時適切に調達できるよう、供給サイド（川上）と流通・加工サイド（川中・川下）を直結する情報共有の取組を推進する。
・製材・合板工場や木質バイオマス利用施設を中心に、川上から川下までの事業者がバリューチェーンでつながり収益性の高い経営を実現する「林業成長産業化地域」を全国に十数か所、モデル的に選定し、重点的に育成する。

昭和55（1980）年以降、木材価格が下落傾向で推移する一方で、人件費や資材等の経営コストが上昇し、林業経営の採算性が大幅に悪化してきました（図8）。このため、森林所有者の経営意欲が減退し、林業生産活動は停滞してきました（図9）。

　加えて、林業従事者や森林所有者の多くが居住する山村地域は、過疎化や高齢化が急速に進み、維持が困難な集落がみられるなど、厳しい状況に置かれています（図10）。

　しかし、林業は、山村地域の振興に貢献できる産業であり、森林所有者は、林業を通して、自らの森林を保全管理し、水源涵養等の多面的機能の発揮に大きく貢献できます。そのためには、林業を担っていける人材を育成し、山村に定住できるようにすることが重要です。

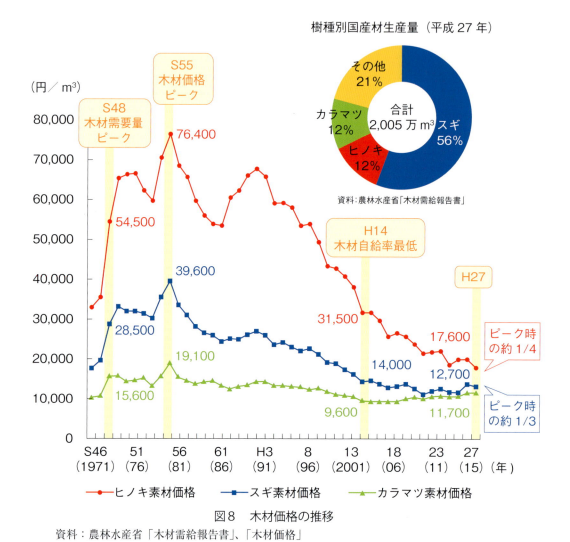

図8　木材価格の推移

　資料：農林水産省「木材需給報告書」、「木材価格」
　注1：素材価格は、それぞれの樹種の中丸太（径14〜22cm（カラマツは14〜28cm）、
　　　長さ3.65〜4.00m）の価格。
　注2：平成25年の調査対象の見直しにより、平成25年の「スギ素材価格」のデータは、
　　　前年までのデータとずしも連続しない。

第1章　森林・林業の現状と「緑の研修生」

図9　林業産出額の推移
資料：農林水産省「生産林業所得統計報告書」
注：「その他」は、薪炭生産、林野副産物採取。

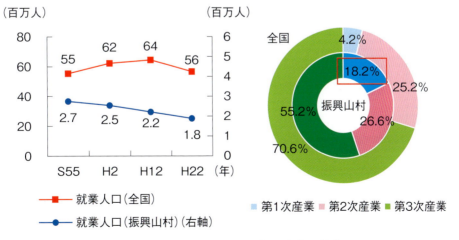

図10　就業人口の推移と平成22年の産業別就業人口
資料：山村カード調査、国勢調査
注：振興山村の就業人口は農林水産省農村振興局で推計

## 3．「緑の雇用」により新規就業者が増加

ここで、林業を担っている人材の現状を、林業労働力に関する調査結果からみてみましょう。

まず、林業労働力の動向を、現場業務に従事する「林業従事者」の数でみてみます。林業従事者は、長期的に減少傾向で推移してきましたが、平成22（2010）年には51,200人、平成27（2015）年には47,600人となっており、近年は減少のペースが緩み、下げ止まりの兆しがうかがえます（図11）。

また、林業従事者の高齢化率（65歳以上の従事者の割合）は、全産業の平均である10％と比べると高い水準にありますが、平成17（2005）年以降は減少し、平成22（2010）年の時点では21％となっています。

一方、若年者率（35歳未満の若年者の割合）は、全産業平均の27％よりは低い水準ですが、平成2（1990）年以降上昇傾向で推移しており、平成22（2010）年の時点で18％となっています。

林業従事者の平均年齢をみると、平成12（2000）年には56.0歳であったものが、若者の新規就業の増加等により、平成22（2010）年には52.1歳に若返っています（全産業の平均は45.8歳）。

このように、林業従事者については、長期に及んだ減少・高齢化の傾向から脱する兆しがみられるようになってきました。その大きな要因となっているのが、「緑の雇用」事業による新規就業者の増加です。

国（林野庁）は、平成15（2003）年度から、林業への就業に意欲を持つ若者を対象に、林業に必要な基本的技術の習得を支援する「緑の雇用」事業をスタートさせました（p102参照）。

図11　林業従事者数、高齢化率、若年者率、平均年齢の推移

資料：総務省「国勢調査」（平成27年は速報値）
注1：高齢化率とは、総数に占める65歳以上の割合。また、若年者率とは、総数に占める35歳未満の割合。
注2：林業従事者とは、就業している事業体の産業分類を問わず、森林内の現場作業に従事している者。
（参考）平成22年の全産業における高齢化率10％、若年者率27％
注3：（　）内は、林業従事者の平均年齢。平成7年以前は林野庁試算による。

第1章　森林・林業の現状と「緑の研修生」

図12　林業への新規就業者数の推移
資料：林野庁業務資料

「緑の雇用」事業では、林業事業体に新規採用された者を対象として、各事業体による実地研修や研修実施機関による集合研修の実施について支援しています。平成27（2015）年度までに、「緑の雇用」事業を活用して新たに林業に就業した者は約15,000人となっています（図12）。

林業事業体に採用された新規就業者数は、「緑の雇用」事業の開始前は年間約2,000人程度でしたが、開始後は平均で年間約3,300人程度に増加しています。また、平成26（2014）年度における新規就業者数は、前年度から7％増加して3,033人となりました。

「緑の雇用」事業の研修を修了した新規就業者は定着率も高く、3年後も就業している者は7割を超えています。

## 4．林業労働の現状と今後の課題

従来から、林業における現場作業は季節や天候によって左右され、事業主の経営が必ずしも安定していないこともあって、雇用が臨時的、間断的になるという問題がありました。

しかし、最近は、通年で働く専業的な雇用労働者の占める割合が高まる傾向にあります。森林組合の雇用労働者の年間就業日数をみると、年間210日以上の者の割合は、昭和60（1985）年度には全体の1割に満たなかったものが、平成25（2013）年度には5割を上回っています（図13）。これに伴い、社会保険が適用される者の割合も上昇しています。

また、林業における賃金支払い形態は、悪天候の場合に作業を中止せざるを得ないこともあって、依然として日給制が大勢を占めていますが、最近は月給制の割合も増えています（図14）。

今後に向けた大きな課題は、労働安全対策の強化です。

林業労働における死傷者数は長期的に減少傾向にあり、平成26（2014）年の死傷者数は1,611人と、10年前の平成16（2004）年の2,696人と比べて4割以上減少しています（図15）。その要因としては、ハーベスタ、プロセッサ、フォワーダ等の高性能林業機械の導入や作業道

図13　森林組合の雇用労働者数の年間就業日数別割合の推移
資料：林野庁「森林組合統計」　注：計の不一致は四捨五入による。

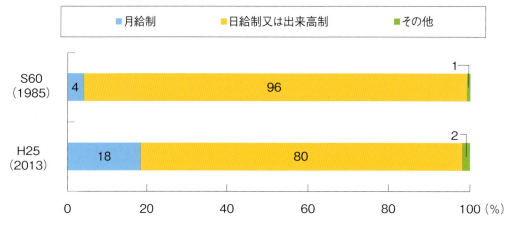

図14　森林組合の雇用労働者の賃金支払形態割合の推移
資料：林野庁「森林組合統計」　注：計の不一致は四捨五入による。

図15　林業における労働災害発生の推移
資料：厚生労働省「労働者死傷病報告」、「死亡災害報告」

等の路網整備が進展したで林業労働の負荷が軽減していることや、チェンソー防護衣の普及等があげられています。

しかし、林業における労働災害発生率は、平成26（2014）年の死傷年千人率（労働者1,000人当たりで1年間に発生する労働災害による死傷者数（休業4日以上）の値）でみると27.0となっており、全産業平均の2.2と比べて12.3倍もの高い水準になっています。

このような労働災害を防止し、健康で安全な職場づくりを進めることは、林業の成長産業化を図るためにも不可欠なことです。

このため、国（林野庁、厚生労働省）は、関係団体等と連携して、林業事業体に対して安全巡回指導、労働安全衛生改善対策セミナー等を実施するとともに、「緑の雇用」事業において、新規就業者を対象とした伐木作業技術等の研修の強化、安全に作業を行う器具の開発や改良、最新鋭のチェンソー防護衣の導入等を支援しています。また、林業事業体の自主的な安全活動を推進するため、林業事業体の指導を担える労働安全の専門家の養成等に対しても支援を行っています。

民間レベルでも、チェンソー作業に必要な技術と安全性の向上を目指した「伐木チャンピオンシップ」が開催されるなど、新しい取り組みがみられるようになってきました。

最近は、女性が林業の現場で活躍する姿も多くなってきました。充実期を迎えた日本の森林を適切に利用して、次代に引き継いでいくためにも、林業労働にかかわる安全性をより一層高めていく努力が必要になっています。

## 第2章

# 現場を支える「緑の研修生」
## ──14人の日常──

「緑の雇用」を通じて林業の世界に飛び込んだ人たちは、
どのような日常を送っているのでしょうか。
森林に囲まれる中で、どんな仕事をして、何を思っているのか、
それぞれの"素顔"を覗いてみましょう。
（注：本章で紹介する「緑の研修生」への取材及びインタビューは、
2013年から2016年にかけて行いました。）

# 父の意思を継いで、福島の山を守る

**Profile**

菊池　優子
39歳　フォレストワーカー
所属●有限会社ウッド福生（福島県塙町）
家族●独身（家族と同居）
趣味●御朱印集め、読書
前職●病院勤務（胚培養士）

　菊池優子さんは、福島県塙町にあるウッド福生を経営している菊池社長の長女です。前職は、東京都内の病院で胚培養士をしていました。胚培養士は、医師の指導の下で顕微授精や体外受精などのサポートをする医療技術者です。10年間勤務し、専門の資格も取得したスペシャリストの菊池さんは、林業に転職した理由について、「林業技術を習得するには時間もかかるので、はじめるなら今でしょ！と思い、決心しました。」と話しています。そんな想いに両親も「できる限り応援するね。」とバックアップを約束してくれました。

菊池さんは、日頃から「父の会社を継ぐことは、福島の山を守ること。」と、自分を育ててくれた山への感謝の気持ちを口にしています。

## 最初は大変でも、いつのまにかコツをつかんだ

菊池さんの1日は6時30分の起床から始まります。朝食を食べて、準備をして、7時30分から事務所で仲間とミーティング。8時ごろに事務所から現場へと車で出発します。仕事は主に下刈りと土場管理。苗木の成長を妨げる植物の除去と丸太の大きさや本数の管理がメインです。「最初はただ作業するだけで精一杯でしたが、2年目は重機を使えるようになり、作業も効率的になりました。」と日々の成長を振り返っています。「当初は、転んだり、足がもつれたり。斜面を歩くだけでも大変でした。でも、毎日斜面で仕事していると慣れてきました。」と

語るように、歩き方も、作業も、自然にコツをつかんでいったようです。12時〜13時のランチタイムでリフレッシュし、17時まで現場で作業。事務所に戻って報告し、18時には終了。残業はほとんどありません。「私、いっぱい汗をかくような熱めのお風呂が好きなんです。」しっかり仕事をした後、ゆっくり入浴するのがいちばん幸せ！と、笑顔を見せます。

## 時間に余裕ができて、気分もラクに

前職では休日に出勤することもあり、いつも時間に追われている感覚でしたが、「いまは時間にすごく余裕ができるようになりました。時間に追われることがないので気分がラクですね。」——休日は図書館や本屋で、ゆっくりと本を読んで過ごしています。ときには趣味の御朱印を集めに日本各地の神社やお寺に出かけます。御朱印の手帳は3冊目に突入しました。仕事に振り回されていた頃は、食事も早く食べることが目標でしたが、

今は余裕をもって食事を楽しめるようになり、不規則な生活から解放されました。

## 機械の進歩で、林業の現場も変化

林業は体力が必要な重労働で男性中心の職場だと思われています。菊池さんも「子供のころから林業は身近にありましたが、体力的なことがあって、ずっと自分ができる仕事ではないと思っていました。」と振り返っています。しかし、実際にフォレストワーカーとして林業の現場に入ってみると、自分でもできる！と感じました。「私の使っているチェンソーは、小型で軽いものです。自分の体に合った道具から使い始めて、筋力がついたら徐々にレベルアップしようと思います。」、「いまは機械が発達しているので、操作さえマスターすれば誰でも大丈夫ですよ。」とも言いながら、「安全のためとはいえ、装備（作業着）が重い。動きやすい軽さにして欲しい。また、作業着は色々選べるようになったらいいですね。」と女性ならではの視点から要望も出しています。

## 林業は、とてもやりがいのある仕事

「うっそうとしている山でも、間伐をして手を入れてやると清潔感のあるスッキリとした山に変わっていきます。」菊池さんは、変化する山の姿を見た時の爽快感が忘れられないと言います。前職の胚培養士時代も細胞が育っていく姿を見るのを楽しみにしていましたが、「いまは自分が携わった山が育っていくのを見るのが楽しみです。」とはっきり口にします。自分が植えた木を誰かが伐ってくれる、うまくすれば自分が伐れると思うとワクワクするという菊池さん。「緑が少なくなれば、大気汚染も進行する。山が荒れれば動物の食べるものがなくなり人里へ下りてくる。山の手入れをする林業は、地球の環境問題にも役立ち、地域の社会にも貢献できると思うとうれしいですね。」——林業って奥が深い、やりがいがあると思いながら、山の手入れを続けています。

# 3人のチームプレイで山火事跡地を再生

**Profile**

星野　智哉
45歳　フォレストマネージャー
所属●桐生広域森林組合（群馬県桐生市）
家族●妻・子ども
趣味●サッカー
前職●鉄筋工

**Profile**

鈴木　幸宏
25歳　フォレストワーカー
所属●桐生広域森林組合（群馬県桐生市）
家族●独身（家族と同居）
趣味●スノーボード
前職●ハウスメーカーの現場監督

**Profile**

渡辺　恭平
20歳　フォレストワーカー
所属●桐生広域森林組合（群馬県桐生市）
家族●独身（家族と同居）
趣味●ジム通い、爬虫類の飼育
前職●学生

星野さんと鈴木さんは転職、渡辺さんは専門学校から新卒で林業の道を選びました。鉄筋工をしていた星野さんが従兄弟の誘いで転職したのは約20年前。若さもあり何も心配することもなく、地元群馬の山で林業の道を歩きはじめることができたといいます。鈴木さんの前職はハウスメーカーの現場監督。仕事のストレスで悩んでいた時に父の勧めで2年前に転職しました。父親も桐生広域森林組合の作業員で、実家は山の近く。子供のころから林業の仕事は身近だったこともあり、すぐに馴染めたといいます。一方、渡辺さんは新潟にある自然環境について学ぶ専門学校から新卒で就職しました。「在学中に林業研究会に入って、苗木の植え方や、チェンソーの基本的な使い方を学んでいくうちに、やってみたくなっちゃいました。」と話しています。もともと山の仕事に興味があり、学んでいくうちに林業に魅せられたようです。

　林業を選んだ理由はさまざまですが、3人とも林業に就いて幸せ——そんな気持ちが、それぞれの笑顔から伝わってきます。

## 信頼しあえてこそ、安全が確保される

　2014年4月、黒川ダム付近で発生した山火事は栃木県側にも広がり、最終的な被害面積は約263haにもおよびました。班長の星野さんと鈴木さんが働く現場は、その山火事の跡地。星野さんは朝7時に自宅を出て鈴木さん宅に立ち寄り一緒に現場へ向かいます。現場に到着して始業するのが8時。午前の作業をして、昼の12時からランチタイム休憩。午後は16時30分まで作業します。その後、組合の事務所に戻り、事務仕事や機械のメンテナンスなどをすませて18時には事務所を出るというのが日課です。

　「枯れてる木なので急に先端が折れて落ちてきたり、倒れると思った木が倒れなかったり、予想できないことが起こります。」と山火事跡地の現場の大変さを話す鈴木さん。山の中の作業は1人になることが多く、自分で何でも判断しなければなりません。そんな時に支えになるのが、星野さんのアドバイスだといいます。

　星野さんは「朝、現場でのミーティングで、危険と思われる場所の注意事項を徹底します。現場では、自分の目の見える範囲で、後輩の作業から目を離すことはありませんね。」と語ります。教える側と教わる側、信頼しあってこそ安全が確保される——チームの息はピッタリです。

　「4月なのに雪が降って、山は寒いなぁと思いました。でも、もっと大変だったのは夏の暑さです。」と話すのは、専門学校から林業の世界に入ってきた渡辺さん。「500ミリのペットボトル1本や2本では全然足りず、2リットルくらいしっかり水分を取ることで熱中症にならないように気をつけました。」と言います。「でもね、木漏れ日の中で昼寝してると、心地よくて時間を忘れちゃいます。いちばん幸せな時間ですね。午前中ハードに働いた後の昼寝は最高！」と目を輝かせています。

## 趣味に全力投球できるのも、林業だからこそ

　「毎週日曜日はサッカーの試合です。40歳以上の群馬県のリーグに参加するチームに入っています。」と話す星野さん。ウィークデーは山で、休日はサッカーで鍛えているので、普通の仕事をしている40歳の男性に体力では負けないと、自慢げです。

　鈴木さんは、「冬はスノボ、夏は海、ウィークデーは仕事が終わった後に地元の友達と飲み会です。」と愉快そうに話します。ハウスメーカーの現場監督をやっていた時は、残業ばかりで帰るのは毎日深夜の12時過ぎ。休日も仕事の電話がかかってきて、心休まる時はなかったといいます。「でも今は、ストレスゼロです！」と言うと、星野さんから「ホントか？」のツッコミ。すかさず「ホントに、ゼロです。」と笑顔で答えます。

　「趣味はジムに行くことです。うーん、でも本当に好きなのは爬虫類の飼育と昆虫採集なんです。」と話す渡辺さん。休日は飼っている爬虫類とたわむれるのが、何よりの楽しみだといいます。「山には昆虫もたくさんいるし、爬虫類の止まり木も自前で見つけられます。」と、仕事と趣味の両方で山の仕事を楽しんでいるようです。

　休日や仕事が終わった後の楽しみ方は三者三様。でも充実した趣味の時間を楽しめるのは、オンとオフの境目がはっきりした林業ならではです。

## フォレストマネージャーの名に恥じない仕事がしたい

　星野さんは組合に入って19年。初歩的な作業からはじめて、伐倒、機械操作などと、順を追っていろいろな仕事を身につけてきました。今では後輩の面倒見がいい班長として評判です。班メンバーの鈴木さんの誕生日に特大のケーキをプレゼントしたことからも人柄がうかがえます。

　そんな星野さんが受講しているのがフォレストマネージャー研修。「林業は、今、低迷しているため、上向きにさせるにはどうしたらいいか？」と考えたことが受講の動機です。研修を受けてみて、コスト管理や技術、機械をどのように取り入れるかについて考えることで視野が広がってきたといいます。

　若手の育成にも意欲的になりました。「まず、鈴木君や渡辺君をはじめとした若い人と、なんでもいいから話をしようと思い始めました。彼らの意見が違うと思ってもすぐに反論しない。いろいろな意見があることを知ることが大切なんです。」と話します。「緑の雇用」の研修で実感したことは、聞くことの大切さと伝えることの難しさ。「後輩にカッコ悪いところを見せられないと思いました。フォレストマネージャーの名に恥じない仕事をしなくちゃと思います。仕事だけではなく、自分自身を向上させるキッカケになりました。」と話しています。

# 初心を忘れずに、リーダーを目指す

**Profile**

**大塚　貴寛**
41歳　フォレストリーダー
所属●渋川広域森林組合（群馬県渋川市）
家族●独身（家族と同居）
趣味●サイクリング、ガンプラ製作
前職●自動車ディーラーの整備士

　自動車メーカーのディーラーで整備士をしていたという大塚さんは渋川広域森林組合に入って9年目。「体を使って生涯現役でいられる仕事に転職しようと思ったところ、残った選択肢が農業と林業でした。」と話します。自然の中での遊びが趣味だったこともあり、最終的に林業を選択。最初は「自分よりかなり高齢の先輩たちについていけなかったんです。翌朝は起きるのもやっとの筋肉痛で悲鳴をあげたこともありました。」と振り返ります。カラダができるまでには約1年かかったといいます。経験を積むにつれて、伐倒技術や機械の操作を着実にマスターし、今は中心メンバーとして活躍中です。

　今は班長の下で一員として働いていますが、いつかは自分が班長になる日もくる。その時困らないためにと、フォレストリーダー研修の受講を決意しました。「どちらかというと口下手。黙々と作業するタイプの人間なので、コミュニケーションの取り方の研修は参考になりました。」と語ります。研修に参加して、朝のミーティングで報告・連絡・相談することの大切さ

を再認識したといいます。現在、大塚さんは4人のチームで作業しています。コミュニケーションを密にすることで作業の効率をアップさせていきたいと意気盛んです。

## 林業は、飛躍的に機械化が進んでいる

毎朝5時に起きるという大塚さんは、7時に事務所に出勤します。7時30分には現場に向かって作業開始。12時のランチタイム休憩をはさんで17時まで作業をします。担当するのは主に伐倒作業。「かかり木にならないように、いつも十分に注意を払っています。狙ったところに倒せる技術を習得したいですね。」と話します。

かかり木とは倒した木が別の木にかかってしまうこと。その処理は危険が伴います。かかり木にならないよう、何度も倒す方向を確認して、退避場所も確保。安全確認は欠かしません。「慣れた頃が一番危険なんですよ。僕はいつも初心を忘れないようにしています。もっと正確に倒せる技術を磨いていきたい。」と語っています。

渋川広域森林組合では高性能林業機械の導入を進めています。元クルマの整備士というだけあって、大塚さんは機械の操作も得意。プロセッサやフォワーダなどの機械を自在に操ります。プロセッサでは、伐倒した木を枝払いしながら、あっという間に決められた寸法に玉切りをします。フォワーダでは、玉切りされた丸太をグラップルで掴み上げて、きれいに荷積みして目的地へ運搬します。

「今の林業は昔のように、キツイだけの現場ではありません。飛躍的に機械化が進んでいます。やりたいなら、ぜひ、挑戦してみてください。」と、大塚さんは林業を目指す人へのメッセージを口にしました。

## ロードバイクにガンプラ製作、休日は趣味でリフレッシュ

前職の整備士時代は、終業時間に帰れることは稀。毎日のように残業で肉体的にも大変でしたが、特に精神面でのストレスが辛かったといいます。お客さまからのクレームは理不尽でも反論できない。上司や同僚など、職場での人間関係にも苦労したといいます。「でも、今は違うんです。友だち感覚とは違う、いい山を育てる志を同じにする仲間意識というか…。とにかくみんなとうまくやれてます。」と話しています。

林業に転職してからは、夏は趣味のロードバイクやマウンテンバイクで山の中を走り、冬はスノーボードに出かけるといいます。ゆくゆくは自転車のレースにも出てみたいという夢を持っています。また、残業がないので、終業後もたっぷりある時間を楽しんでいます。最近はまっている趣味は、模型のガンプラ作り。月に1〜2体は仕上げています。「これも規則正しい生活が約束された林業のよさですね。」と笑顔をみせました。

## 「ありがとう」山主さんからの感謝の言葉が励みになる

　「地面に腰を下ろし、チェンソーの燃料を補給していて、ふと目をあげると、自然の美しさに気づくことがあるんですよ。」と話す大塚さん。初夏の青々しい緑、秋の華やかな紅葉、山の中で感じる自然の美しさは、外から眺めるのとは別物だといいます。作業している時は気づかないが、ふとした一瞬に自然の中にいることの幸せを感じることがあるとのこと。

　林業のやりがいを質問してみると、「手入れをしていない山が、健全な山に甦った姿を見たときですかね。」との答えが返ってきました。太陽の光が入らなかった山が、間伐をすることによって見通しのいい、明るい山に変わっていく。そんな変わった山の姿を見るだけでもやりがいになり、さらに、所有者の方から「やっていただいてよかった。」とお褒めの言葉をいただいたときは、一層励みになるといいます。「ありがとう！」の一言で少しくらいの大変さは吹っ飛ぶと、満面の笑みでした。

# ふるさと・伊那の山をコンビで支える

*Profile*

北原　健太郎
29歳　フォレストワーカー
所属●平澤林産有限会社（長野県伊那市）
家族●妻　子ども（0歳）
趣味●ネットサーフィン
前職●ミュージシャン

*Profile*

伊藤　大輝
23歳　フォレストワーカー
所属●平澤林産有限会社（長野県伊那市）
家族●両親　兄
趣味●渓流釣り、バイクツーリング、キノコ狩り
前職●学生

長野県林業大学校で学んだ伊藤さんは、学生時代、林道のない場所から木を伐り、架線を使って集材する作業のダイナミックさに魅せられ、いつか自分でも架線を張る場所で仕事がしたいと思い、卒業後、林業の現場に進みました。

　北原さんは、18歳の頃、地元伊那を離れて東京都内でプロミュージシャンとして活動していました。しかし、いつかは地元でやりがいのある仕事をしたいと思っていました。インターネットでたまたま「林業就業支援講習」を知り、興味本意で参加。そこで林業の意義を知り「ふるさと伊那の山々を守りたい」と本気で考えるようになり、Ｕターンを決意。林業の門を叩いたのでした。

　南信の伊那市に生まれた伊藤さんと北原さん。きっかけは違いますが林業を志し、ふるさとの山を守る、その強い気持ちに変わりはありません。

## 基礎体力と忍耐力は克服できる、技術は身体で覚える

　２人は朝７時頃会社に集合し、作業現場へ向かいます。現場は会社から１時間半ほどかかります。到着後に班長から作業確認と注意事項を伝えられ作業開始。途中、休憩や昼休み（12時〜13時）をはさみ、日没前まで作業を行う毎日です。林業の仕事を始めた頃は２人とも体力的に慣れるまでが大変だったといいます。伊藤さんは「当初１か月くらいは全身が毎日筋肉痛。食事の時に、箸も満足に持てなかった。慣れるまで２か月くらいかかりました。」と振り返ります。しかし、今では筋肉がついて昔の服が入らないほどです。

　一方、北原さんは「山仕事は自然の中で気持ちいいだろう。」と思っていたところ、夏場の暑さには驚いたといいます。作業着はＴシャツと短パンではなく、夏でも長袖長ズボン。しかも、ガラス繊維が織り込まれているので生地は分厚い。午前中だけで汗だくになり、体力の消耗も想像以上。さらに、チェンソーを持って山の中を上り下りするため、足

や腕もパンパン。「身体や指先に余分な力が入ってバネ指という状態にもなりました。慣れるまで1～2か月かかったと思います。」と、当時を思い出しました。

山の仕事はハードな面もありますが、生涯の仕事として本気で取り組めば、その辛さも時間とともに慣れ、いつかは笑い話になります。

現場では山頂付近から尾根に向かって架線を引き、急斜面の間伐作業を行っています。「私たち2人はまだ駆け出しレベルです。作業は、最前線で伐倒していくのが役目です。」と語ります。毎日伐倒作業を行い、技術を身体に叩き込んでいるという2人は、今日できるようになったこと、明日やってみたいことなど、毎日伐倒技術を磨くことを考えています。「最近、よい角度で倒れる伐倒が増えてきました。」と伊藤さんは手応えを感じています。

## 厳しい仕事も、山の中のランチや休日の満喫でリフレッシュ！

山深い作業現場の中には当然のことながらコンビニもスーパーもありません。仕事時の気分転換は、持参する昼食です。簡易小屋でお湯を沸かし、スタッフ全員でワイワイ話しながら弁当を食べるのが心地よいひと時。既婚の北原さんは愛妻弁当を、伊藤さんは母親が作る特大おにぎり2個が定番。「天気のいい現場での昼食は最高に美味しい。」といいます。

休日の過ごし方を聞くと、アウトドア派の伊藤さんは「普段仕事で山や沢を歩き回っているので、魚が釣れる場所、キノコが生えている場所が自然とわかるようになりました。」と山の知識が趣味に活きているようです。

一方、「インドア派です。」と語る北原さんは「趣味は宇宙で、休日はインターネットで宇宙

のことを調べています。外出は家族と近くのショッピングセンターに出かけるくらいです。」とそれぞれ休日を満喫しています。

## やってみないとわからない、林業の楽しみや奥深さ！

林業は自然を相手にする仕事。「今取り組んでいる架線作業は急勾配で切り立った山々の間伐に必要なもの。木を伐り出す前に、設置前準備、設置作業、そしてやっと木を運び出す架線運用となります。スタッフ全員が息を合わせて各作業を行わないとうまくいきません。作業が奥深く勉強の毎日です。」と話す2人は、一筋縄ではいかない林業の技能を持つために「1人でできる仕事、数名でやる仕事、チームで連携して行う仕事のキャリアを重ね、自分のスキルを向上していきたい。」と、前向きに取り組んでいます。

「自然の中での作業、チェンソーの操作、重機の運転やオペレーションなど、林業に興味を持っているなら、ぜひ飛び込んでみてください。林業の楽しみや奥深さは、やってみないとわかりません。」——これが2人からのメッセージです。

# キャリアは違っても気持ちは一つ

**Profile**

小川貴弘

37歳　フォレストワーカー

所属●北姶良森林組合（鹿児島県湧水町）

家族●独身（一人暮らし）

趣味●日曜大工

前職●運送業

**Profile**

松井昭悟

27歳　フォレストワーカー

所属●北姶良森林組合（鹿児島県湧水町）

家族●父・母・妹

趣味●バドミントン

前職●農業用品販売営業

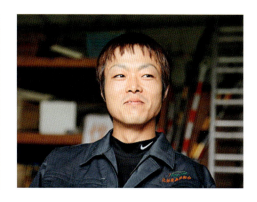

**Profile**

東　雄大

30歳　フォレストワーカー

所属●北姶良森林組合（鹿児島県湧水町）

家族●妻　子ども（保育園2人）

趣味●海釣り

前職●製造業（工場勤務）

**Profile**

八ヶ婦幸宏

27歳　フォレストワーカー

所属●北姶良森林組合（鹿児島県湧水町）

家族●妻・子ども（小学生・幼稚園・0歳）

趣味●草野球

前職●製造業（工場勤務）

北始良森林組合には、転職して林業に従事する人が多く、現在フォレストワーカーの4人も全員他の職業からの転職組です。「前職は運送業。勤め時間が長時間で不規則、毎日残業をするのが当たり前でした。」、「3交代制の製造業に勤めていましたが、変則勤務で身体を壊してしまい退職しました。」など、転職の理由として全員が「不規則な労働時間を改善したかった。」と語ります。

　実際に林業に就職し、仕事はきっかり8時スタートで17時終了に変化。「生活が規則正しくなり、寝起き寝つきも驚くほど早くなった。」という人や「風邪をあまり引かなくなり、健康になった。」と感じる人もいます。林業に転職し、望んでいた「労働時間の安定」を手に入れられたことに全員が満足している様子です。

## 規則正しい労働時間だが、現場は想像以上に厳しい

　北始良森林組合では、複数のチームに分かれて作業を行います。毎朝、それぞれの班長から作業指示を受け作業開始。彼ら4人は、伐倒作業を中心に仕事を行っています。チェンソーで木を倒していくのが主な仕事です。「木を伐る伐倒作業は、想像以上に奥深い作業です。チェンソーで簡単に伐って倒せると思っていましたが、実際は大違い。」と全員が口を揃えます。「重量が5～6kgあるチェンソーを動かして樹木に切り込みを入れる作業そのものがまず大変でした。最初のころは、思い通りの場所に切り込みが入らなかった。切る場所がずれたり、角度が浅かったりしていました。体力が備わってコツを掴むまで伐倒は緊張

| | |
|---|---|
| 起　　床 | 6時ごろ |
| 現場集合 | 8時 |
| 小 休 憩 | 10時 |
| 昼　　食 | 12時 |
| 午後作業 | 13時 |
| 小 休 憩 | 15時 |
| 作業終了 | 17時 |

の連続でした。」と松井さんはいいます。

　山に入り木を倒す林業という仕事は、決して平地で行う屋外作業と同レベルの仕事ではありません。「だからこそ、一旦山に入れば細心の注意を払い、念には念を入れて自分の身を守り、常に安全な作業を心がけることが危険を回避することにつながります。」と、安全には細心の注意を払っています。

　さらに想像と違ったのは、夏山の作業環境です。小川さんは「山の中で仕事をするので、風もさわやかだと思っていました。ところが、鬱蒼とした山は風も通らない。午前中だけで身体が悲鳴をあげるほど汗をかき、水分を補給していてもクラクラするときもあります。雨の日や夕立がくると『救いの雨』という気分になります。」と夏の現場の厳しさを語ります。

　ただし、どんな厳しい環境や現場でも、作業終了は17時。残業をすることはなく、ほぼ定時に現場を後にします。林業は朝が早いし、体力を使う仕事です。決まった時間に起き、しっかり食事をとって、ぐっすり眠ります。働くことと休息、規則正しい生活のリズムが、安全で効率のよい仕事に直結するのです。

## オフタイムの充実！これも林業に転職して得た宝

　17時に仕事が終わるため、オフタイムは趣味や家族のために多くの時間を費やせるのが林業の魅力の一つです。子どもがいる八ヶ婦さんと東さんは、子どもと遊んだり、家族と過ごしたりしています。また、バドミントンの社会人チームに所属する松井さんは「平日の夜と休日はバドミントン三昧。好きなスポーツを続けられるのが嬉しいです。」と語ります。

　仕事以外に自分の趣味を追求したり、家族との時間を大切にすることができる林業という職業に満足している各々の気持ちが伝わってきます。不規則な生活を送っていた時代を経験しているからこそ、その喜びは大きくなっています。

## まずは安全に作業をする、その上で技術の向上を目指す！

　現場での徹底した指導により、安全に対する意識も高くなってきた彼ら。八ヶ婦さんは「林業に携わっている限り、怪我をせずにいきたい。」といいます。また、他のメンバーも「伐倒で一番を目指すのではなく、怪我をしないで伐倒できる人を目指したい。」など、まずは安全に作業を行い、その上で技術を向上させていくことを目標にしています。

　「伐倒技術を高めたい。そして重機のオペレーションにも挑戦したい。」、「班長の技術を盗み、班長を超えるのが目標です。」と、将来の自分を和やかに語る4人のフォレストワーカーたち。それぞれにそれぞれの目標があります。林業は技術と経験が何よりも大切です。仕事を始めてそれがわかるからこそ、自ずと目標が見えてきます。現在の自分のスキルを自覚し、磨くこと。先輩を目標に邁進すること。そして忘れてはならない安全への更なる配慮。

　「職人としてのキャリアを積んで、現代の林業にふさわしいスキルが備わった人間になりたい。」との思いが全員から窺えました。

## やりがいや楽しさがある、だからこそ続けられる

　間伐という仕事は鬱蒼とした森林の木を切り、光を入れ、山の生命を継ぐ仕事です。「作業前には太陽の光も入らない暗い森林を間伐すると、明るく光が降り注ぎます。その光景をみると思わず感動します。」と言う小川さん。また、松井さんは、山主が「自分の山を手入れしてくれてありがとう。」と声をかけてくれると「やってよかった。」と励みになると言います。伐倒の醍醐味について「自分の思った通り倒れると嬉しく、倒したとき大地と一体化する音がたまらない。」と語る東さんなど、それぞれが林業にやりがいを感じています。

　さらに、林業ならではの楽しみとして、自然の中で食べる毎日の昼食は格別だと、そして、四季折々の山菜やきのこを楽しめることだと口を揃えます。

　林業は、毎日が自然との戦いです。厳しい環境下で自分を磨き、安全面と技術面に

神経を集中しながら木と向き合います。同じ環境を共有するメンバーだからこそ、お互いを思いやり助け合う気持ちが強くなります。作業を終えて周りを見たとき、森からの感謝の光が降り注ぎます。「一見同じように見えても、どれ一つ同じ作業はなく、一つ一つの作業が真剣勝負です。やりがいがあり、仕事の喜びがありますよ。」と声を揃えます。

　「労働時間の安定」を求めて林業の世界に飛び込んだ彼ら。大変な仕事ですが、やりがいも、楽しみも、そして何より求めていた安定もあります。ONとOFFのメリハリを楽しむ4人の笑い声が山々にこだましました。

# 家業を継ぎ、スキルアップを重ねる

**Profile**

南　英宏
31歳　フォレストリーダー
所属●南木材有限会社（鹿児島県霧島市）
家族●妻
趣味●読書
前職●バンドミュージシャン

　祖父の代から林業を営む家庭で育った南さんは、小さい頃から父親と何度も現場に行き、林業の仕事を見てきました。「当時は、木を降ろす・積み込む等の作業を人力でやっていました。頭の先から足の先まで木屑まみれ、泥まみれで帰ってくる親父の姿が目に焼ついていて、自分には林業なんて絶対できないと思っていました。」と振り返ります。

　そんな南さんが林業の道を歩み始めたきっかけは、林業の機械化でした。林業の現場に重機の導入が進み、作業の安全性や効率を重視するようになりました。南木材有限会社（以下、「南木材」という。）も徐々に、枝払いや玉切りができるプロセッサ、木材を運搬するフォワーダなどを導入していきました。鹿児島でバンドミュージシャンをやっていた南さんは、社長（父親）に誘われて現場を見に行った際、機械化していく林業に魅力を感じ、林業への転職を決意しました。

## 最初はキツい、しかし本気なら乗り越えられる！

　しかし、いくら重機が導入されたとはいえ、林業の仕事が肉体労働だということに変わりはありません。「一番はじめにキツいと感じるのは山を歩くことです。当然ですが平地でもなく、舗装もされていない雑草が茂った斜面を歩きます。しかも8kg前後あるチェンソーを持って歩かなければいけません。マイクや楽器を持って街を歩くのとはまるで違います。」と、林業を始めたときのことを語ります。当然そのキツさは身体に影響し、「私の場合、2か月間くらいは本当に朝起きるのがキツかった。拳をギュッと握りしめ、手のひらにくっきり跡ができるくらいに力を込めないと、身体が起きてくれませんでした。しかし、最初の一歩がキツいだけ。身体がそのうち慣れてきます。」と、本気で林業に挑戦したいと思っているなら、乗り越えられる辛さだと振り返っています。

## 現場優先だからこそ、コミュニケーションと対応力が必要

　南木材では従業員10名が同じ現場で作業を行います。「林業の仕事は、ほぼ現場優先のため、作業図面などは存在しません。だから毎朝行われる現場でのミーティングがとても重要なんです。」といいます。しかし、若いスタッフは管理職から仕事の注意事項を聞いても理解できないこともあるので、「多少嚙み砕いて説明するようにしています。」と、キャリア7年目で中堅の南さんは、作業内容や注意事項などをチーム全員が理解し、気軽に意見や質問が言える雰囲気づくりを行っています。

　その南さんは林業に就職後、1年に一つのペースで重機の操作をマスターし、今では6種類の重機を巧みに操ることができるようになりました。現場ではスーパーサブ的な立場で、伐倒する若いスタッフのアシストや、停まっている重機があると素早く乗り込んで作業を行うなど、常に作業員や重機周りに目を配っています。

「重機の運転は一番扱い慣れた人が操作するのですが、その人が段取り上、別の作業や、現場から離れてしまうこともあります。そんな時、私が代わりに重機に乗り、仕事

の流れが止まらないように効率よく作業を行うことを心がけています。」と——。作業図面などが存在しない林業の現場では、いま、どこで何をどうやれば安全で効率的かを考え、対応する力が必要なのです。

## 林業で最も大事なことは「安全」への心がけ

林業は、1年目にできる仕事、2年目にならないとできない仕事、3年目だからわかってくる仕事と、年々技術と経験を重ねてステップアップしていきます。しかし、常に一番大切なことは、「安全に仕事をする。」ことです。南さんが部下たちに一番心がけて欲しいことは「安全第一」に尽きるといいます。「仕事自体は誰もにとっても同じです。しかし、経験が浅いと、ちょっとしたミスが事故や大怪我につながることもあります。だから安全面については、嫌われてもいいから口がすっぱくなるほど注意します。」と語ります。怪我をすると、林業という仕事も失いかねない。そうすると、自分だけではなく家族にも影響を及ぼすことになる。林業という仕事は甘くないが、慣れや疲れが安全への緊張を緩めることもある。どんな時でも「安全第一」を念頭に作業を行うことが一番の技術といえます。

## さらなる効率化や安全性など学ぶべきことは山ほどある

中堅の南さんには、まだ高い目標があります。伐倒技術は社長のレベルが、重機の操作技術では専務のレベルが非常に高く、「ベテランの人たちが持っている技術や段取りをしっかりと継承し、さらに若いスタッフに伝えていくのが第一の目標です。」といいます。

その南さんは、フォレストリーダー研修を受けて、より責任感が強まったと語ります。技術面、安全性、効率化、そして今後の林業というビジネスを考える、いいきっかけになったのだと。更なるスキルアップを目指す南さんは、鹿児島大学農学部の社会人大学院生として月に一度大学に通い、「低コスト作業における林業のあり方」を学んでい

ます。

　現場を知り、理論武装する。そんな南さんは、将来の南木材のみならず、林業の未来を背負って立つ存在になりそうです。

## 想像力が活きる林業の世界に挑戦しませんか！

　南さんの毎日の楽しみは自然の中で食べる愛妻弁当です。「山で食べるカミさんの弁当はとても美味しいです。林業に就職してよかったと心から思えるひとときです。」とにこやかに語ります。また、「バンドミュージシャンだった頃と比較すると、給料も安定しているし、余計なお金も使わなくなり、貯蓄もできるようになりました。」と生活の安定が心のゆとりにつながり、林業へ就職して本当によかったと笑顔をみせます。

　南さんは、林業という仕事は自由な仕事だとも表現します。「何かに縛られるようなものではありません。1人1人が歯車になることもありますし、1人1人が心臓になることもあります。山の仕事は設計図がなく、山を見て、どう作業すれば、どう重機を入れれば効率的な作業ができるのかなど、想像力が必要な仕事です。」と語ります。現場を見て想像力を働かせ作業を行い、その想像が正しかったことを確信する、それが南流の仕事術です。

　山を活かし森を持続させること、部下に怪我をさせることなく、安全に仕事を終えさせることへの責任。そのすべてに南さんの想像力が響いています。南さんは「このような魅力ある林業に是非挑戦してほしい。」とメッセージを発しています。

# 班長として若手に任せながら育てる

**Profile**

松澤　幸雄
50歳　フォレストリーダー
所属●長野森林組合（長野県長野市）
家族●妻
趣味●山歩き、山菜キノコ狩り
前職●運送業

　松澤幸雄さんは、長野森林組合に就職して今年で15年目、前職は運送業（建設関係）のドライバーでした。生まれ育った家は、山林に囲まれ、スギの苗畑もあり、大鎌や植林用の鍬がある暮らしでした。こうした環境が影響してか、「いつかは林業をやってみたい。」と思っていました。

　長野オリンピックの建設ブームで働き詰めの日々が一段落したころ、新聞に掲載されていた「林業就業支援講習」の参加募集記事を見て応募し、念願の林業へ就業するきっかけを得ました。講習で担当インストラクターから「馬力あるね！」と褒められたこともあり、山の現場へ転身することを決意しました。

## ドライバーから転身、部下の得意分野は全面的にやらせる

松澤さんの今の立場は班長、3人チームの現場リーダーです。

松澤さんのチームの勤務時間帯は6時半から15時まで。一般的な林業の現場よりも早く始まり、早く終わっています。それは「現場へのルートが長野市街地を通るため、通勤渋滞をさけて早い時間帯にしている。」のが理由です。渋滞で時間をロスすることは、その日1日の成果に直結するからです。

現場作業は、手間のかかる伐倒やフォワーダでの搬出が中心になります。松澤さんの役割は、造材や集材作業を停滞させず、生産効率を向上させることです。このため、部下たちには、彼らが得意な重機作業を全面的に任せています。自分が何をやれば部下が仕事をしやすく、効率のよい仕事ができるかを判断しながらコントロールしている姿には、ベテランの風格が漂います。

松澤さんは、フォレストリーダー研修を受講しました。その際、「リーダーは必ずしも仕事ができる人でなくてもよい。」という講師の言葉が一番心に残りました。研修前は、リーダーという肩書きに苦手意識を持っていましたが、これで気が楽になりました。

口下手で職人タイプの松澤さんは、部下たちには言葉で説明するより、日頃の段取りや作業を見せて理解してもらっています。

部下の1人である峰村充延さんは、「厳しくもあり優しい上司です。仕事に関して細かいことは任され、要所要所で絶妙な指示をくれます。本当に気持ちがよいくらい上手く仕事が運びます。」と話しています。また、もう1人の部下である大貫賢二さんは、「外部のスタッフへの気配りも絶妙です。玉切りした木材を運搬するトラック運転手が積み込みやすいようにスペースを確保し、整地するなど、仕事しやすい環境をつくってくれます。だから、私たちは自分の作業に没頭できます。うまく松澤さんの手のひらの中で動かしてもらっています。」と口を揃えます。

## 伐倒で「製品」を生み出し、「作品」を残す！

「林業の醍醐味は、木を倒すこと。」と語る松澤さん。山での仕事をはじめた頃から、伐倒には人一倍こだわりをもっています。こだわりの一つはチェンソー。木の力に負けないよう伐り倒すため、一般的なモデルより排気量が大きく、歯も長いものを使っています。

「林業にはいろいろな作業があり、どれも大切な作業ですが、中でも私が最も注意を払っているのは伐倒です。特に、正確に、そして自分の思った方向に倒すことに気を配っています。正確な伐倒をすれば、きれいに切れた伐根が残ります。倒した木は『材』として製品であるし、伐根は山に残る作品だと考えています。正確に伐倒し、よい伐根を残して山を大切にすることが、林業で働く人にとって自然に対してのマナーだと思っています。」

多少雨が降ろうが雪が積もろうが、林業は毎日自然とふれあいながら仕事をすることになります。「作業はキツく重労働ですが、一つの現場が終わったときはなんとも言えない充実感があります。」と松澤さんは言います。窮屈な間隔で樹木が混み合い、薄暗く鬱蒼としていた森林が、自分たちの力で間伐することによって太陽の光が差し、元気になっていきます。

「林業という仕事は、毎日新鮮な体験ができ、生きている実感を肌で味わえます。」という松澤さん。さらに、「心のゆとりが味わえ、やりがいのある林業は本当に魅力のある仕事です。興味を持ったら、まずは体験研修などに参加してみてください。」と話しています。

第2章　現場を支える「緑の研修生」

# 高校で学んだ「林業」を現場で活かす

**Profile**

長山　大
20歳　フォレストワーカー
所属●有限会社フォレストサービス（岩手県雫石町）
家族●祖父母・両親・兄弟（兄・弟・妹）
趣味●4WDでのドライブ

「昔から山の仕事っていいなぁって思っていて、農業高校の授業で林業に興味を持ちました。地元（岩手）には森林資源が豊富なのに林業に就く人が少ないことが気になり、自然を守っていきたいと考え始めたのがきっかけです。」——長山さんは、林業に就職したきっかけを静かに話し始めました。

## 実践は想像とは違う、2年目から実力アップ

　長山さんは、農業高校時代に林業を授業で学んでいたこともあって、すぐに山の仕事についていけると思っていました。しかし、実際に働いてみると、林業はそんなに簡単な仕事ではありませんでした。現場は斜面がほとんど、地面も木の根っこなどでデコボコ状態。そんな中で下草刈りや伐倒作業をするのですから、授業で教わった理論はほとんど役に立ちません。「学校で教わったこと、それは入り口程度でした（苦笑）。フォレストサービスで仕事を始めて、

『緑の雇用』の研修を受けたことで、仕事としての林業をゼロから勉強し直しました。」と振り返ります。そして、「『緑の雇用』の制度のおかげで、同年代で頑張っている他社の人たちとも意見交換をしたり、仕事をしながら林業に必要な資格が取れるので役立っています。」と話しています。

1年目は仕事を覚えるだけで精一杯だったという長山さんですが、「2年目から、集合研修が終わり仕事に戻ると、今までできなかったことが嘘のように簡単にできたりするようになりました。現場と座学を同時に行うことで身体が覚えやすくなっている気がします。」と手応えを口にしています。

## 常に安全を意識、体調管理も大切な業務

「僕の場合、6時半ごろ起床し、8時前に事務所に出社します。機材を積み込んで当日の作業現場に移動し、現場の作業は8時半から開始します。3～4名で1チームを組みます。作業者が2～3人で、チーム長が1人。そのチーム長が作業をコントロールします。」

現場では木を倒す前に、足場を作ることから始まります。倒す木の周辺は、草や雑木などが生い茂っているので、草刈り機やチェンソーを使って取り除きます。そのあとに、伐倒作業に入ります。

「伐倒は基本的に1人で行うので、倒す方向や周囲に人がいないかを注意し、警笛を鳴らして確認をしてから作業します。」——伐倒は、言うまでもなく危険を伴います。だからこそ、装備や機器の点検、周囲への配慮など、安全の上にも安全を重ねることで事故を未然に防ぐというプロ意識が、長山さんも身についてきました。

「夏場は水分不足になるので、こまめに給水しています。昼休みは1時間。食事後は、仮眠したりしています。」

季節によって、自然条件も厳しくなります。その中で、安全に、そして着実に仕事をこなせるように体調を管理することも、日々の大切な業務です。長山さんは、伐倒・造材・集材・運搬等の作業を行って、17時ごろに事務所に戻ります。事務所に戻ると、その日の作業報告書を作成して、翌日の作業のミーティングを行います。18時頃にはすべての業務を終えて、帰宅の途に。年間を通じほぼ同じスケジュールで仕事をしています。

## 経験を積むほどに感動を得られるのが醍醐味

「あるとき、急にバシッと伐れるポイントがわかったり、思い通りの方向に伐倒できたりします。林業は経験を積むと小さな感動が日々体感できる、それが一つの醍醐味です。」と言う長山さん。木を倒すと大地が揺れる、その感覚は木を伐った人しかわからないほど心地よいと語ります。

長山さんが伐倒のポイントにチェンソーを入れると、5分も経たずに直径40cmほどのアカマツがスローモーションのように倒れていきます。着地した瞬間、大地が揺れ、その揺れが足元から心臓に伝わってきます。この波動に「感動」する人は少なくないでしょう。

さらに、長山さんは、「重機の操作で上手く取り回しできたときも気持ちがいい。」と話します。「自然の山々に植わっている樹木を相手にする林業ですから、一つとして同じ条件はありません。林業の仕事は、一期一会、常に新鮮です。」と、やりがいを感じています。

「僕の目標は、昨年、同年代の後輩が入ってきたので、彼らにしっかりと自分の学んだ技術や知識を伝承していくことです。僕自身も覚えなければいけないことが数多くあるので、慢心せず日々鍛錬しながら林業に取り組んでいきたいと考えています。」と語る長山さん。仕事に誇りを持ち、自ら技術を磨き続け、後輩とともに林業を守っていこうという姿勢には、林業の未来を担っていく責任感と充実感が漂っています。

## 第3章

# 「緑の研修生」が描く未来
# ――トークショーから――

「緑の研修生」たちは、
日々の山仕事を通じてどのようなことを考え、
どのような将来ビジョンを描いているのでしょうか。
2016年と2017年に東京と大阪で開催された
「森林(もり)の仕事ガイダンス」の中で行われた
「トークショー」から、
彼らの生の声をお届けします。

第3章 「緑の研修生」が描く未来

# 自然の中で技術を磨く

（2016年1月30日　東京国際フォーラム）

## 鉄筋工、建設現場監督、カーディーラーから転職

**葛城七海（司会）**　本日は「森林の仕事ガイダンス」にようこそお越しくださいました。私は、「緑の研修生トークショー」の進行役をつとめます葛城七海と申します。どうぞよろしくお願いいたします。

さて、本日ここに集まってくださった皆さんは、林業にご関心を持ってくださっている方々ばかりだと思います。林業という仕事には、やりがいや達成感、魅力がたくさんあるのはもちろんですが、それとともに辛いこと、大変なこともいろいろあるかと思います。そこで、実際に現場で働いている方にお越しいただき、そういった生の実感を本音で語っていただこうと思います。

では、早速、「緑の研修生」にご登場いただきましょう。皆さん、強そうな方ばかりですね。最初に自己紹介を一言ずつお願いします。

**星野智哉**　群馬県の桐生広域森林組合から来ました星野と申します。

**葛城**　星野さんは林業の仕事を始めて何年目になるのでしょうか。

**星野**　22年です。

**葛城**　もうベテランですね。そういった見地からいろいろ教えてください。

**鈴木幸宏**　同じく、群馬県から来ました桐生広域森林組合の鈴木です。

**葛城**　鈴木さんは何年目ですか。

**鈴木**　2年目になります。

**葛城**　星野さんとは、キャリアとして20年の差があるわけですね。

**大塚貴寛**　群馬県の渋川広域森林組合の大塚です。よろしくお願いします。

**葛城**　大塚さんは何年目になるのでしょうか。

**大塚**　9年目です。

**葛城七海**　2年、9年、22年ということで、それぞれのご経験に応じたお話がうかがえるかと思います。

では、お三方とも林業の世界に入る前に何をされていて、なぜ林業に就業したのかというあた

りからうかがいたいと思います。まず、星野さん、お願いします。

星野　私は鉄筋工をやっていました。

葛城　工事現場で働いていたんですか。

星野　はい。鉄筋を組んでいました。

葛城　屋外の仕事という意味では、そしてガテン系なという意味では共通項はあるのかなと思いますが、なぜ林業へ進まれたんでしょうか。

星野　いとこが林業をやっていまして、自分で会社を興すというので、誘われてやってみようと入りました。

葛城　今もその会社で一緒にやっているのですか。

星野　今は別の会社です。

葛城　きっかけはそうだったんですね。22年前というと、まだ「森林の仕事ガイダンス」もなかったと思いますが、いとこの方の誘いで飛び込んだということですね。続いて、鈴木さんは？

鈴木　私は、某ハウスメーカーの現場監督をやっていて、その後、父の勧めで林業に入りました。

葛城　お父さんが林業を勧めたのですか。

鈴木　はい。同じ職場でやっています。

葛城　親子で同じ職場で働いていると、いい点もあると思いますが、やりづらい面もあるのではないかと想像します。いかがでしょうか。

鈴木　親子でもそんなに仲が悪くないので、あまり気を使わずに仲良くやらせてもらっています。

葛城　いいですね。では、大塚さんは、もともとは何をされていたのでしょうか。
大塚　もともとは車のディーラーの会社で整備士をしていました。
葛城　車の整備ですか。
大塚　はい。山にも興味があって、自然の中で作業をやってみたいという興味本位からこの仕事に携わるようになりました。
葛城　林業に就業するための情報はどうやって集めたんでしょうか。
大塚　職員を募集しているところに問い合わせたり、就業支援をしている県を直接訪ねて行って、こういう募集はありませんかとコンタクトをとったりして勤めることができました。

## 一番きついのは炎天下の下草刈り、好きな作業は伐採

葛城　お三方とも出身は群馬県ですか。
星野・鈴木・大塚　そうです。
葛城　やはり生まれ育ったところというのは働き心地もいいものでしょうか。星野さん、どうですか。
星野　いいと思います。
葛城　群馬の空気がご自身を育てたわけですからね。
では、大塚さん、9年も前のことで記憶も少し薄らいでいるかもしれませんが、実際に林業を始めてみて、意外だったことはありましたか。
大塚　意外というよりも、体力的にきついことばかりというか、入りたてだったので、ついていけるかなという不安のほうが先にあって、心配だったことはありました。
葛城　まったく違う世界に飛び込まれたわけですから、それは無理ないですよね。特に、どんな作業が体力的に大変だったのでしょうか。
大塚　やはり夏の下草刈りが一番大変でした。炎天下の中をフル装備でやりますので、熱中症になるかならないかというほどで、本当にきつかったです。冬の寒さよりも夏の暑さのほうが厳しかったです。
葛城　鈴木さんは、林業を始めてみて意外だったこと、イメージと違ったということは何がありましたか。
鈴木　木を伐るというのはイメージにあったんですけど、その木を伐るために道をつくったり、除草、植え付け、造材、運搬といろいろな仕事があるということは想像していませんでした。
葛城　確かに、林業と聞いてまっ先に浮かぶのは木を伐ることですからね。
鈴木　毎日いろいろなことができるのですごく楽しいです。
葛城　特に、この作業が好きというのはありますか。
鈴木　やっぱり伐採が好きです。

葛城　どのあたりが醍醐味でしょうか。
鈴木　でかい木や小さい木といろいろありますが、それぞれ倒し方が違ってきますし、全部伐り方が違うところです。
葛城　一つとして同じ木はないですからね。遠目には同じ太さに見えても、枝のつき方やら何やら全部違いますよね。
鈴木　そうです。
葛城　星野さんはいかがでしょうか。はるか昔の話になってしまいますが。意外だったことはありましたか。
星野　始めたときはまだ20歳そこそこの若さだったので、勢いだけでやっていました。だから、あまり不安というのはありませんでした。
葛城　実際に始めてみて、ちょっと続けられないかもという状況になったことはありますか。
星野　それはないです。

## 刺激に満ちた現場の仕事が林業の一番の魅力

葛城　次に、どのあたりが林業の魅力なのかということをうかがっていきたいと思います。題して、「伝えたい林業の魅力はこれだ！　キーワードトーク」です。事前に選択肢となるキーワードを用意させていただきました。
最初に星野さんにお聞きします。このキーワードの中から星野さんが選んだのは？
星野　「現場仕事が刺激的だ」です。
葛城　刺激的な内容を具体的に教えてください。

星野　自然の中で自分の技術と経験と知識をフルに生かして、スキルアップができるところです。大きい木から小さい木までダイナミックに仕事ができるというところが一番の魅力なのかなと思います。

葛城　たしかにダイナミックですね。上の写真は何をされているところでしょうか。

星野　山で伐った木をフォワーダに積み込みして、土場で集材しているところです。

葛城　こういう作業をするときに、何か気をつけていることはありますか。

星野　機械作業ですから自分の力は使いませんが、それなりのリスクがあります。特に、高いところに上るときは滑らないようにとか、落ちないようにということには気をつけています。

葛城　そういう一つ一つの気づかいが無事故につながっていくわけですね。22年たっても、そのあたりはしっかりと心を配っておられるということですね。

では、鈴木さんはいかがでしょうか。

鈴木　自分も「現場仕事が刺激的だ」です。

葛城　鈴木さんの思う刺激とは何でしょうか。

鈴木　この写真（次頁）ですが…。

葛城　すごく太い木ですね。

鈴木　この木は、胸高直径が130cm、樹高が30mの枯れたスギだったんですが、近くに畑や家があって、倒す方向が限られている中での伐倒だったんです。普段使っているチェンソーよりも大きいチェンソーにして…。

葛城　確かに写真を見るとガイドバーが太くて、長くて立派です。

鈴木　めったに伐れない木なんです。一応、星野班長と一緒にいたんですけど。

葛城　2人で伐ったんですか。

鈴木　ジャンケンして、自分が勝ったんで伐らせてもらいました。

星野　とられちゃいました（笑）。

葛城　やはりこういう大きな木は、「伐りたいな」というか、メラメラとくるものがあるんでしょうか。

鈴木　そうです。だから、毎回ジャンケンです（笑）。

葛城　大きいだけではなく、枯れているスギということで特に注意することは何かありますか。

鈴木　枯れているので、どこが腐っているかを見極めるのが大変です。あと、葉っぱがついていなくて木自体が軽いので、自らの力では倒れません。だから、機械を使って倒しました。

葛城　追い口を切った後に機械で押し倒したということですか。

鈴木　そうです。

葛城　私も最近知ったのですが、そういう倒し方もあるんですね。これだけの大きさがあると、玉切りも大変そうですね。

鈴木　持ち上げるだけで精一杯でした。

葛城　それも全部1人でされたんですか。

鈴木　2人です。

葛城　そこは手伝わせてもらえたんですか。

**星野** はい、何とかお願いして（笑）。

**葛城** 立場が逆転している感じですね（笑）。

大塚さんにも聞いてみましょう。林業の魅力として、大塚さんが選んだキーワードは何でしょうか。

**大塚** 僕が選んだのは、「四季の移り変わりを肌で感じることができる」です。右の写真ではあまり四季は感じられないかもしれませんが、雪の中での作業だったり、春になると木々が芽吹いてきたり、新緑だったり、夏は夏で蝉の鳴き声だったり、暑い日差しは過酷な状況ではあるんですが、五感で、肌で感じられますし、秋は紅葉がきれいなときだったりと、山の中で働いている、自然の中で仕事をしているという実感を持てます。

**葛城** 冬は多いときでどのくらい雪が積もるものですか。

**大塚** 比較的積雪量は少ないんですが、先週も今日も降りました。先週は膝下ぐらい、3cmくらいありました。

**葛城** そういうときでも現場の作業はされるのですか。

**大塚** 搬出作業を行っていて、トラックが中に入れなくなってしまったので、入れるようにバックホーを使って雪かきをして、雪を掘り出して、それからやっと伐った木を出せるようになりました。

**葛城** 雪が降ると一仕事増えてしまうわけですね。

**大塚** そうです。降られると大変なところはあります。

## 「常に危険と隣り合わせ」だから安全第一を徹底

**葛城** 続いて、「ここが辛いよ」という話をうかがおうと思います。すでにその話に入ってしまった感もありますが、「森林の仕事　ここが辛いよ！　あるある体験」についてお聞きしていきます。大塚さん、今のお話以外にもありますか。

**大塚** 辛いというか、恐いというのでは、夏の下草刈りのときにときどき遭遇するハチが恐いです。

葛城　刺されましたか。

大塚　去年、1回だけ刺されました。何とか無事だったんですが、ほかの作業員がスズメバチに3か所か4か所刺されて、ショック症状を起こしてしまって、ドクターヘリで運ばれたことがありました。

葛城　皆さんは、ハチに刺されたときのためのエピペン（自己注射薬）を持っているんでしょうか。

大塚　それまでは持っている人はあまりいなかったんですけれども、そのことがあってからみんな恐くなって、全員持つようになりました。

葛城　怪我の功名ですね。

大塚　そうですね。それだけでもよかったのかなと思います。刺されないのが一番なんですが、どこにいるのかわからないのでそれだけが恐いです。

葛城　くれぐれもご注意ください。では、続きまして鈴木さんに辛い点についてうかがいたいと思います。鈴木さんが選んだのは？

鈴木　「常に危険と隣り合わせ」です。

葛城　今のお話にもつながりますね。鈴木さんはこれまでにヒヤッとしたことはありますか。

鈴木　この火事現場も…。
葛城　これは火事現場なんですか。よく見ると後ろのほうが黒いですね。これは山火事の跡なんですか。
鈴木　山火事の現場をやっているんですが、燃えてしまったので枯れていますから、伐って倒れるときに頭が落ちてきたりとか、普通の伐採のときよりも危険が大きいです。
葛城　広さはどれくらいあるのでしょうか。
鈴木　90haです。
葛城　かなり広いですね。東京でいうと明治神宮の森がありますが、あれよりももっと広いわけですね。それを皆伐、つまり片っ端からどんどん伐っていったんですね。右の写真はいい感じですが。
鈴木　植え付けのときの写真です。森林再生をするために、燃えて枯れてしまった木を伐採して搬出した後に、植え付けをやります。
葛城　皆さんこういう笠子地蔵のような格好をしてやられるんですか。
鈴木　真夏でしたから。
葛城　ヘルメットではなくてですか。

鈴木　ヘルメットの上から被る人もいますし、その上にヘルメットを被る人もいます。
葛城　ちなみに鈴木さんはどのスタイルでやられたんですか。
鈴木　ヘルメットだけです。
葛城　こういう現場に出くわすこともあるんですね。このときも星野さんは一緒だったんですか。
星野　はい、一緒です。
葛城　ここでもジャンケンをしたんでしょうか。
星野　ジャンケンをさせられました。
葛城　何をめぐって？
星野　機械サイドとか。
葛城　それは機械を操作したいということですか。
星野　操作したいとか、大きい木があるとジャンケンしたがるので。
葛城　なかなか楽しそうな仕事場ですね。仲がよさそうですね。さて、星野さんの辛い経験は何でしょうか。
星野　やはり夏の下刈りです。
葛城　そういう意見が一番多いですね。22年やっておられても辛いものですか。
星野　辛いです。
葛城　それを克服するために工夫することは何かありますか。
星野　辛いのは辛いので、それは受け止めています。
葛城　辛さをそのまま受け止めるということですね。素晴らしい姿勢ですね。下の写真は何で

しょうか。

**星野** 林業は事故の多い職種なので、うちは「安全第一」を大切にしています。この写真（前頁）は、伐採の安全講習会を自分たちで行っているところです。

**葛城** 星野さんが指導員として教えているんですか。

**星野** そうです。

**葛城** 特にどういう点に気をつけるようにしているのでしょうか。

**星野** 基本ですがツルの残し方とか。

**葛城** 受け口・追い口の間のツルですね。

**星野** それを確実に残す伐り方に気をつけています。昔の伐り方と今の伐り方はだいぶ変わってきていると思うので、新しいやり方を身につけて、安全に作業するようにしています。

**葛城** 星野さんは、フォレストワーカーを卒業して、フォレストリーダーも卒業して、フォレストマネージャーというお立場です。ですから、後輩の皆さんをご指導されることも多いと思います。今は伐倒についておうかがいしましたが、全体として特にこういうことに気をつけなさいということはありますでしょうか。

**星野** 自分自身が事故に対して意識することが大事だと思います。それを一番気にするのと、あとはコミュニケーションをとっていろいろ話をするようにしています。

**葛城** コミュニケーションがうまくいっていると、どういうふうに安全につながるのでしょうか。

**星野** 知らないことを知らないと言えない若い子たちが案外多いんです。

**葛城** 背伸びしちゃうということですか。

**星野** はい、聞けないとか、あるいはわからないことがわからない人もいます。

**葛城** そういうことを指導する側も見えるようにしたいし、若い子も「わかりません」と素直に言える環境を整えていくことも大事ですね。深いお話をありがとうございます。

## 奥が深くやりがいのある仕事をこれからも続けていく

**葛城** 続いては、皆さんが5年後、10年後にはどうしていたいかということについてうかがっていきたいと思います。

大塚さん、いかがでしょうか。もう9年たっていますが。

**大塚** 去年、長野県までフォレストリーダー研修に行ってきました。人数的なこともあって、作業班長にはまだなっていないんですが、研修を受けてきたので、もし機会があれば班長をやってみたいと思います。指導者ということではありませんが、模範となるような、誰からも信頼されるような作業員になれればいいなと思っています。

**葛城** 頼れる作業員になりたいと。ますます頑張ってください。では、鈴木さんは。

**鈴木** 新しく入ってくる後輩がこれから出てきますので…。

**葛城** 今は一番下なんですか。

鈴木　1人入ってきました。

葛城　さらに増えていくということですね。

鈴木　そうです。ですから、今まで教えてきてもらったことを教えられるように、これからも技術者として頑張っていきたいと思っています。

葛城　さらにスキルアップもしていくということですね。頑張ってください。星野さんは？

星野　自分もまわりの人に信頼されるような作業員になれたらと思います。

葛城　いま、40代ですよね。あとどれぐらい続けたいと思っていますか。

星野　あと20年はやりたいです。

葛城　生涯の仕事としてということですね。

星野　はい。

葛城　5年後、10年後の皆さんにぜひ会ってみたい気がします。そろそろ時間がなくなってきました。最後に、会場にいらっしゃる皆さんは、これからお三方の後輩になるかもしれません。そこで皆さんにアドバイスなり、メッセージをお願いします。まず、鈴木さんから。

鈴木　林業は、常に危険と隣り合わせで大変な仕事ですが、いろいろなことができるので、本当に飽きない仕事だといつも思っています。楽しいですし、やりがいのある仕事です。少しでも興味があれば始めてみたらいいと思います。

葛城　飽きないというのは、それだけ奥が深いから、「ここが終わり」というのがないということだと思います。突き詰めていくやりがいがあるということですね。大塚さんは？

大塚　今回初めて参加したのですが、「森林の仕事ガイダンス」にこんなに大勢の方々が来ているとは思っていませんでした。天気も悪いし、もっと少ないのかなと思っていたんですが、予想を大幅に上回る来場者にびっくりしました。この会場に来ているということは、少なから

ず林業に興味があり、職業としての林業に自分も従事したいという気持ちがある方たちだと思います。この仕事はキツいし、危険で、事故もありますが、木を育てていく上で作業の種類もたくさんあり、やりがいのある仕事だと思います。少しでも興味があればぜひチャレンジしていただいて、林業がもっと活気のある産業になっていければと思います。

**葛城**　一歩踏み込んでくださいということですね。ありがとうございます。では、大取(おおと)りを星野さんに。

**星野**　自然の中で技術を磨けるやりがいのある仕事だと思います。これからもっともっと伸びていく職種だと思っているので、皆さんで盛り上げていければいいかなと思っています。

**葛城**　自分が気持ちいいだけではなく、林業自体がこれから伸びていく職種だということだそうです。

今日は現場ならではの貴重なお話しをいただきました。星野さん、鈴木さん、大塚さん、ありがとうございました。

# 女性が活躍できる現場に

(2017年2月4日　東京国際フォーラム)

## 1日中パソコンに向き合う仕事から自然に近い場所へ

**葛城七海（司会）** 皆さん、こんにちは。本日はお忙しい中、「森林の仕事ガイダンス」にようこそお越しくださいました。これから「緑の研修生トークショー」をお楽しみいただきます。はじめに、本日お話いただく「緑の研修生」の方に、簡単に自己紹介をお願いしたいと思います。

**伊藤綾沙子** 鳥取県東部森林組合から来ました伊藤綾沙子です。

**伊藤亜実** 同じく、鳥取県東部森林組合から来ました伊藤亜実と申します。

**渋谷菜津子** 京都府南丹市の園部町森林組合から来ました渋谷菜津子です。よろしくお願いします。

**葛城** 鳥取県と京都府から来ていただきました。もう少しプロフィールをご紹介しましょう。伊藤綾沙子さんは、林業経験年数が2年半です。出身は兵庫県です。散歩がご趣味ということですが、前のお仕事は何をされていたのですか。

**伊藤（綾）** 前は林業とはまったく関係なく、営業や事務など普通のOLをしていました。

**葛城** そうですか。では、なぜ林業に？

**伊藤（綾）** 自分が何をしたいのか、身体を動かしたいなと思ったら、選択肢に林業が入ってきました。そして探していたら、鳥取県で体験研修を無料でやっていました。出身は兵庫県なので、鳥取県は近く、気兼ねなく参加できました。でも、参加したら身体がバキバキになりました。

**葛城** それで嫌にならなかったんですか。

**伊藤（綾）** 何といいますか、身体をすごく使った後のくたくたになった感じが気持ちよかったんです（笑）。

**葛城** くたくたが快感になったわけですね。

**伊藤（綾）** はい。午前中、半日ちょっと植え込みをしただけで、もう足がガクガク震えて歩けなかったんです。

**葛城** 「植え込み」というのは、植え付けのことですよね。山で行ったんですか。

第3章 「緑の研修生」が描く未来

伊藤（綾） そうです。体力的には厳しかったんですが、続けていると筋肉もついてきて、こういうのが性に合っているんだなという感じでした。

葛城 続いて、伊藤亜実さんは、経験年数9か月で、東京都のご出身です。読書や旅行がご趣味ということですが、前のお仕事は何をしていましたか？

伊藤（亜） 私も前は事務職でした。

葛城 東京で？

伊藤（亜） はい。

葛城 なぜ鳥取県で、しかも、なぜ林業だったんですか。

伊藤（亜） 職場も家も高層ビル街で、1日中パソコンに向かうような仕事だったんです。それはそれで楽しいこともあったんですけれども、一生こういうライフスタイルでいくのかと思ったら、ちょっと自分にとっては違うかなというか、あまり快適じゃない感じがしたので、もっと自然の近くに住んで、自然にかかわるようなことがしたいと思い無料体験に参加しました。

葛城 林業体験をやっているところは全国にいっぱいありますよね。なぜ鳥取県だったんですか。

伊藤（亜） たまたま鳥取に知り合いがいて、「すごくいいところだよ。」って勧めてくれたんです。

葛城 そうでしたか。お2人は同じ職場ですよね。綾沙子さんが先輩になりますが、林業体験のときから出会っていたんですか。

伊藤（亜） そうです。体験に参加したときは、本当に現場で林業をやろうとは思っていなかったんですけれども、先輩で、女性で、現場でやっている方がいるのでびっくりして、私もやりたいと思いました。

71

葛城　綾沙子さんの背中を見て亜実さんは決意したんですね。頼もしい先輩に映ったでしょうね。
続いて、渋谷菜津子さんは、もう6年もやっていらっしゃるんですね。
渋谷　そうです。
葛城　渋谷さんは、神戸の出身で、手芸とチェンソーアートが趣味ということです。ちなみに、前の仕事は何でしたか？
渋谷　前はフリーターをしていました。もともと林業はしたかったんですけど、その前にどうしても世界を一周する船旅「ピースボート」に乗りたいという夢がありました。ピースボートに乗るためにフリーターをしていました。
葛城　それで、世界1周をしてきたんですか。
渋谷　はい。
葛城　今、その経験は役立ったり、つながったりしていますか。
渋谷　船に乗ってたくさんの知り合いができて、今日もこの会場に来てくれています。仕事のことなどでちょっと悩んだときも、相談に乗ってくれたり、話を聞いてくれる人ができたというのがすごく財産になっています。

## 「スモールステップ」を重ねて着実にスキルアップ

葛城　こういうお三方から、「伝えたい森林(もり)の仕事」、「森林の暮らし」の2つの面から主にお話をうかがっていこうと思います。
まず、「伝えたい森林の仕事」です。事前にエピソードをお三方からうかがっています。最初のエピソードはこれです。
**「スモールステップで目標設定！　大きな目で見守ってくれます！」**
これは亜実さんですか。どういう意味でしょうか。
伊藤（亜）　私の場合はすごく職場の人に恵まれて、最初は仕事ができなかったんですが、長い目で辛抱強く見守ってくれて、聞けば惜しげなく教えてくれました。いきなりこれをできるようになれという感じではなく、まず1年目はここまでできるようになってという感じで。
葛城　それが「スモールステップ」ですね。
伊藤（亜）　そうです。2年目はここまでという感じで一緒に目標を考えてくれるので、すごく助かっています。
葛城　「これができなかった。」というのはどんなことでしたか？
伊藤（亜）　全部そうなんですけれども、機械を使うのも初めてでしたし、危なくて恐いし、草刈り機やチェンソーをうまく扱えなくて苦労しました。
葛城　今日は皆さんに仕事中の写真を持ってきていただいているので、ここで亜実さんの写真を見てみましょう。今の話とは違って、とても楽しそうに見えますが、これは何をしていると

第3章 「緑の研修生」が描く未来

ころですか。

伊藤（亜）　チェンソーの目立てをしています。

葛城　左の写真なんて満面の笑みじゃないですか。

伊藤（亜）　そうですね。楽しい作業です。

葛城　私も少しやったことありますが、どうなれば目立てができた状態なのかというのがわからなくて、難しいなという印象でした。

伊藤（亜）　私も最初はできなかったんですが、少しずつ上手になると切れ味や気持ちよさも違いますし、きれいな木くずが出るようになるんです。それが出るとすごく嬉しいんです。

葛城　なるほど。目立てがちゃんとできているから美しい木くずになるわけですね。それが目に見えるから、やりがいにつながるのかもしれません。逆に、今でもこういうのはすごく苦手というようなことはありますか。あるいは、こんな失敗をしちゃったとか。

伊藤（亜）　作業以前の問題かもしれませんが、斜面を移動するのがいまだにすごく辛いといいますか……。

葛城　標準装備としてはどんなものを持って斜面を移動しているんですか。

伊藤（亜）　チェンソーと燃料とチェンオイル、それから自分の飲み物、あとはロープも使ったりします。

葛城　確かに、相当体力が必要そうですね。さらに体力をつけて頑張ってください。

## "女性" という線引きをしない、指導は厳しく妥協せず

葛城　では、次の方のエピソードに移りましょう。こちらです。
「"女性" という線引きをしない、厳しい指導!!」
これは綾沙子さんですか。同じ職場ですが、亜実さんが言ったこととは反対みたいですね。どういうことでしょうか。

伊藤（綾）　私の場合は、初めての女性でしたので……。

葛城　女性第1号では、まわりの方もどう扱っていいかわからないですよね。

伊藤（綾）　そうです。最初はすごく大事にされたり、扱いがわからないのでどこまでさせて

いいんだろうと悩まれていたんですが、私も負けん気が強いので女扱いされると悔しくて、同じように仕事がしたいと思って、「いや、できます。いや、私が持ちます。」とか、そんな感じでした。でも、だんだん相手の方も遠慮がなくなってきて、私がちょっとばてててダラダラしていたら、「俺らだってしんどいんや。女なんやから体力的に厳しいのはわかるけど、もっとがんばらな。同じように給料もらとんやから。」って言われて、「そりゃ、そうだ。」と思ったんです。それからしんどくても気力でやるようになって、そういうことを続けていたら、それまでできなかったことや、足りなかったパワーがついたり、できることが増えました。

**葛城** 妥協しなかったことによって、能力が引き出されたんですね。

**伊藤（綾）** みんな厳しいですけど、優しくって、聞いたら教えてくれますし、仕事が終わって切り替わったら普通に和気あいあいとしています。

**葛城** メリハリがあるわけですね。

**伊藤（綾）** 怒る方も大変なんだなっていう感じです。でも、すごいいい先輩たちに恵まれたなって思います。

**葛城** そんな綾沙子さんの仕事中の写真はこちらです。太い木を伐っていますね。

**伊藤（綾）** これはクサビを打っているところです。

**葛城** よく見ると、持っているのもチェンソーじゃないですね。

**伊藤（綾）** チェンソーで切ってから、最後にじわーっと倒すためにクサビを打っています。これもけっこう大変なんです。はじめは「すかっ、すかっ」という感じで、変なところばかり当てて、クサビがボロボロになったりしていたんですが、今はだいぶ当たりがよくなりました。

**葛城** そうやって少しずつ、着実に力をつけているんですね。

第 3 章 「緑の研修生」が描く未来

## 山主と業者を結ぶ仲介役として森林の価値を引き出す

葛城　では、次のエピソードに移りましょう。菜津子さんの「伝えたい森林の仕事」は、こちらです。

「山主さんや委託業者が、『山がよくなってよかった〜！』と喜んでくれた。」

これはどういうことですか。

渋谷　私はお二人とはちょっと違って、山を取りまとめて、業者さんに作業してもらうという仕事をしているんです。山主さんと業者さんを結ぶ仲介役みたいな仕事です。そして、山主さんに作業した後の山がよくなったって喜んでもらえて、なおかつ山主さんにお金をちょっと返せたり、業者さんもその山を作業することによって儲かって、利益が出て、ありがとうって喜んでもらえたのがよかったなと思います。

葛城　なるほど。「林業にはそんな仕事もあるんだ。」って思われた方もいると思います。そのように大局的というか、高い目線からの仕事をするようになったのは何年目からなんでしょうか。

渋谷　3年目くらいからやらせてもらうようになりました。

葛城　いろいろな方と交渉するとなると、うまくいかないときもあると思いますが。

渋谷　もちろんあります。「うちの山は触ってくれるな。」と言われることもあります。そこに道をつけていくと効率がいいのに、どうしても道がつかない、つけさせてもらえないこともあります。

葛城　どうやって説得していくのでしょうか。

渋谷　難しいですね。最初からガンとしてやりたくないという人は最後まで了解を得られないことが多いので、仕方なくそこは省きます。

葛城　可能性のありそうなところを攻めていくわけですね。本当に大事な仕事だと思います。そうやって狭い土地をまとめて、道をつけていくことで作業効率もどんどんよくなるわけですね。

渋谷　そうです。

葛城　そんな菜津子さんの仕事の様子はこちらです。この写真（次頁）は何をやっているんですか。まず、上の写真は？

渋谷　これは測量をしているところです。デジタルコンパスというGPSを使った測量器があるので、それで測量しています。私が覗いて、ちょっと銀色に光った反射板に目がけてボタンを押すと、測ったところから線が引かれていって、山の面積が測れるようになっています。

葛城　そういう仕組みなんですね。下の写真は何をされているんでしょうか。

渋谷　ユンボに乗っています。わかりにくいですが、ゴモクがどっさりあるんです。

葛城　ゴモク？

渋谷　木を切った屑、雑木の葉っぱなどです。捨てないといけないゴモクがたくさん出てきます。ユンボの先がハサミになっています。そのハサミでつかんで、ちょっと見えにくいんですが、前にパッカー車、ゴミ捨ての収集車があります。それに積んでいく作業をしています。

葛城　こんなこともしているんですね。カッコイイですね。

## 仕事は現場で完結し、自分の時間や趣味を楽しむ

葛城　さて、続いては、「伝えたい森林の暮らし」についてうかがっていきたいと思います。最初のエピソードはこちらです。

「やまでの食事は気分最高！　いっぱい食べても太らないしw」

これはどなたですか。

伊藤（綾）　私です。

葛城　例えば、どんな日にこのように思いますか。

伊藤（綾）　里山だったら昼は休憩に車に戻ることも多いのですが、ちょっと山奥に行けば、お昼も山で食べることがあります。冬は寒さが辛いんですが、季候のいい時期や天気のいい日、冬でも天気がよくてちょっと暖かい日でしたら、日の当たるところでご飯食べると気持ちがいいです。

葛城　その写真も持って来ていただいたん…あれっ、少し違いますね。でも、とてもカッコイイですね。何をやっているんですか。

伊藤（綾）　これは、仕事ではないんですが。伐木選手権といって世界大会と、その前に日本大会があるんですが、私の先輩が去年初めて日本の伐木選手権に出たんです。それをきっかけにハスクバーナ・チーム鳥取っていう組織を立ち上げました。

葛城　それが写真の皆さんですか。

伊藤（綾）　そうです。私もそのメンバーに入りました。この写真は、京都の林業機械展に行ったときのもので、ハスクバーナのブースで伐木選手権のデモンストレーションをさせてもらったときの様子です。

葛城　本当にカッコイイですね。では、続いてのエピソードに移りたいと思います。こちらです。

「念願のチェンソーアートが！」

これはどなたですか。

渋谷　私です。

葛城　菜津子さんですね。写真を見てもらった方がいいですね。これがチェンソーアートですね。かわいいですね。これらは全部菜津子さんがつくったんですか。

渋谷　そうです。

葛城　すごいですね。

渋谷　いえいえ、まだまだ上を見たらきりがないほど下手くそです。

葛城　これは主に何の木を使っているんですか。

渋谷　スギを使っています。

葛城　自分で伐ったスギですか。

渋谷　それもありますし、業者さんが提供してくれたものもあります。自分で買いに行ったものもあります。

葛城　このチェンソーアートの面白さはどんなところでしょうか。

渋谷　自分が思ったように彫っているつもりでも、なかなか思いどおりにならないところです。自分よりも上手い人がたくさんいるっていうのが見えたときもです。

葛城　奥が深いということですね。十分思い通りに彫れているように見えますが、ご自身からしたらまだまだなんですね。ありがとうございました。

では、続いての「伝えたい森林の暮らし」のエピソードはこちらです。

「仕事は現場で完結！　精神的にも快適です。」

これは亜実さんですね。どんなときに感じますか。

伊藤（亜）　以前は事務の仕事をしていたんですが、残業とか、持ち帰りで仕事をすることも結構あったので、勤務時間が終わっても気が休まらないことが多かったんです。今は、基本的

第3章 「緑の研修生」が描く未来

に現場で全部仕事が終わるので、オン・オフの切り替えがしやすくて、家ではすごくリラックスできて、それが快適です。

**葛城** 残業ゼロっていうのは魅力的ですね。亜実さんの写真は、すごく気持ちよさそう。これはどこですか。

**伊藤（亜）** 鳥取の中央部にある投入堂っていうところです。ものすごく険しい斜面を登ってここまで行くんですが、そのぶんすごく景色がきれいです。

**葛城** オフの日まで山に登っているんですね。

**伊藤（亜）** たまにです。

**葛城** 自分の時間をしっかりつくれているんだなっていうのは伝わってきます。

## 林業は地域にも環境にもプラスになる未来志向の仕事

**葛城** 続いては、お三方にこれからの夢、目標を聞いていきたいと思います。では、亜実さんから。

**伊藤（亜）** 私はまだ1年目なので、ほかの男性の先輩方と同じやり方ではできないかもしれませんが、女性なりにというか、私に合ったやり方を見つけて、同じ成果が出せるように一人前になりたいなと思います。

**葛城** 菜津子さんは、いかがですか。

**渋谷** 私はチェンソーアートがすごく好きなので、チェンソーアートで世界大会に出ること

と、現場に出ることも好きなので、自分が伐採した木を自分で運転するトラックに載せて市場に運ぶことです。

**葛城** どちらも大きい夢ですね。ぜひかなえてください。綾沙子さんは？

**伊藤（綾）** 私は山のことを何も知らずに林業に飛び込んでしまいました。現場作業はすごく性に合っているし好きなんですが、もっと山のことを知りたいなと思っています。森林経営計画を立てたり、プランナー的な、もっと山全体のことを勉強していけたらなと考えています。

**葛城** ぜひ頑張ってください。そろそろ時間の方も迫ってきました。この会場にお越しくださった皆さんに、アドバイスやメッセージをお願いしたいと思います。
では、菜津子さんから。

**渋谷** 山仕事はやっぱりしんどいし、体力もいるし、危険なこともたくさんあるんですが、自分が整備した山を見て山主さんが喜んでくれたり、自分も作業をしていて気持ちいいですし、きれいになっていく様子が目に見えてわかるので達成感がすごくあります。こんな私でもできるので、興味があってやりたいなと思う人はぜひともチャレンジしてほしいと思います。

**葛城**「こんな私でも」とおっしゃいましたが、ちょっと話を聞いただけで、相当すごい人だなとみなさん思っていると思います。では、続いて亜実さん。

**伊藤（亜）** 林業は自分で稼ぎながら環境にもプラスになるし、地域の経済だとか、地域の安全にもプラスになるすごく前向きな、未来志向な仕事だと思います。体力的には大変ですが、ぜひチャレンジしてほしいなと思います。

**葛城** 環境や地域のためにも役立つというのは素晴らしいですね。では、取りは綾沙子さんにとっていただきましょう。

**伊藤（綾）** 菜津子さんとかぶるんですが、山はきついし、危ないこともいっぱいあるし、大変なんですが、それ以上に林業は気持ちのいい仕事です。山仕事というと長い話だと考える方が多いと思うんですが、一つの作業、一つの現場が終わると、例えば地拵え、間伐、下刈りといった作業に入る前と後では現場の雰囲気がガラっと変わって、目に見えてきれいになります。それを見ると、「やったなー。」って感じになります。身体をすごく使うのでしんどいですが、とても健康的で、よく動いて、よく食べて、よく寝るということができるので、自分にとってもいい仕事だと思うし、もちろん環境にもいいし、とてもやりがいのあることだと思います。少しでも林業に携わる人が増えたらなと思います。

**葛城** 本当に魅力がたくさんあるのがよく伝わってきました。いかがでしたでしょうか。お三方の素敵な笑顔が、林業の魅力を物語ってくれていたような気がします。皆さん、本日のトークショーに最後までお付き合いいただき、ありがとうございました。

第3章 「緑の研修生」が描く未来

# 世界レベルの技術者へ

（2017年1月28日　大阪マーチャンダイズ・マート）

## 第2回日本伐木チャンピオンシップ（JLC）に出場

**飛塚**　みなさん、こんにちは。私は、これから行います「JLCトークショー」の司会進行をつとめます、飛塚ちとせと申します。どうぞよろしくお願いいたします。

さて、皆さんは林業の世界にも技を競う大会があることをご存じでしょうか。チェンソーマンが、2年に1度世界を目指して繰り広げる熱い戦いが日本伐木チャンピオンシップ、略してJLC（Japan Logging Championships）です。

JLCは、林業作業の必需品であるチェンソーの技能を競う国内大会です。2016年の第2回大会では、全国から31名が出場しました。その中には女性もいて、参加者のうち11名は「緑の研修生」や研修修了生でした。本日は、その「緑の研修生」のOB3名にご登場いただき、JLCの競技内容からその魅力まで、お話をうかがっていきたいと思います。林業の新たな魅力を発見できるお話がたくさん聞けると思います。

さて、それでは早速、出場された選手の皆さんにご登場いただきましょう。

まず、一言ずつ自己紹介をお願いします。

**片岡**　三重県から来ました、大紀森林組合の片岡淳也です。

**西山**　同じく大紀森林組合の西山真です。

**福山**　私も大紀森林組合の福山成宣です。よろしくお願いします。

片岡淳也

西山　真

福山成宣

飛塚　では、早速、JLCに出場した皆さんにお話をうかがっていきましょう。その前に、簡単にJLCについてご説明します。

JLCとは、チェンソー作業の安全性、正確性、スピードを競う国内大会です。国内大会があるということは、世界大会もあります。世界大会である世界伐木チャンピオンシップ（WLC：World Logging Championships）は40年以上の歴史を持つ由緒ある大会です。2016年は9月にポーランドで開催され、日本からはJLCを勝ち抜いた3名の選手が出場しました。JLCはWLCと同様に5種目の競技で構成され、丸太を切る際のミリ単位の正確さや速さのみならず、安全面にも考慮された採点基準となっており、その合計点数で競います。

5つの競技種目は伐倒競技、ソーチェン着脱競技、丸太合せ輪切り競技、接地丸太輪切り競技、枝払い競技です。では、この5つの種目について、選手の皆さんに体験談をうかがいながらご紹介していきたいと思います。各種目ごとに要求される正確さやスピードの速さなど具体的な数値目標もありますので、それもあわせて話を進めていきたいと思います。

## 目印から「20cm以内」に切り倒す技術が求められる

飛塚　まず、1つ目はこちらです。

「20cm以内」。

この「20cm以内」とは、ある競技で上位に入るために要求される正確さです。その競技とは、伐倒競技です。伐倒競技は、高さ16ｍの丸太を自分で決めた目印にできるだけ接近するように3分以内に伐倒します。5分以上かかるとポイントを獲得できなくなってしまいます。安全作業を基本としながら、スピードと正確性が重要な競技となります。選手には、自分で決めた目印から20cm以内に木を切り倒す技術が求められます。

この種目が特に好きだという片岡さん、この 20cm 以内に伐倒するというのはかなり難しい技術なんでしょうか。

片岡　そうですね。20cm というとかなり精度が高いので、本当に難しいです。

飛塚　どんな技術が必要になってきますか。

片岡　基本的な伐倒の仕方を守りつつ、狙ったところに倒すという動作になるので、正確に基本伐倒をするということが大事になります。

飛塚　競技大会に出て、「うまくいったな。」と思うポイントは何でしょうか。

片岡　正確に木を切るときには、受け口、追い口をつくらなくてはいけないんですが、それはまあまあうまくいきました。結果は 20cm に及ばず 60cm だったんですが、出来としては自分的には納得がいきました。

飛塚　より正確に伐倒する技術は、現場でも事故の防止などにつながるのでしょうか。

片岡　必ずそこに倒すことができないと、安全作業にはなりません。かなり大事な技術です。

飛塚　チェンソーマンとしてはマストな技術の一つになるということですね。

## ソーチェンの着脱は「20 秒以内」の早業を競う

飛塚　続きまして、2 つ目がこちらです。

**「20 秒以内」。**

この 20 秒以内というのは、ある競技で上位に入るために必要なスピードとなります。今度はスピーディーな作業が必要な競技なんですが、その競技とは、ソーチェン着脱競技です。

ソーチェン着脱競技は、チェンソーからソーチェンと呼ばれる刃を外し、さらに別のソーチェンを素早く装着する競技です。0.1 秒単位で測定され、採点されます。選手は、20 秒以内の早

業で、安全にかつ正確にソーチェンを着脱することが求められます。
この種目が特に好きだとおっしゃるのが福山さんです。刃物を扱いますよね。

福山　そうです。

飛塚　刃物を扱うということは、手を切ったりすることはあるんですか。

福山　僕はあります。

飛塚　写真（前頁）で見るとわかりますが、素手ですよね。普段も素手なんでしょうか。

福山　普段は手袋を着用してやっていますが、この競技は素手で行います。

飛塚　もし、手を切ってしまったらどうなるんでしょうか。

福山　切ってしまったら減点になります。

飛塚　点数が上がらなくなってしまうんですね。やってみていかがでしたでしょうか。

福山　少し焦ってしまって、いいタイムをかせげませんでした。

飛塚　普段、やり慣れていることでも、大会になると緊張するんですね。

福山　はい、緊張しました。

飛塚　でも、普段からやっておかなければ、あるいは、チェンソーのことを知らなければそこまで素早くできないですよね。

福山　そうです。それから、チェンソーの構造が違うので、そこでもタイムが全然変わってきます。

飛塚　チェンソーについて理解することも重要なポイントになってくるかもしれません。

## 丸太合せ輪切り競技は「5mm以内」で勝負

飛塚　では、続いて3つ目はこちらです。
「5mm以内」。
さて、5mm以内というのはある競技で上位に入るために必要な精度です。今度は、なんとミリ単位という正確さが必要な競技です。その競技とは、丸太合せ輪切り競技です。
丸太合せ輪切り競技は、7度に傾いた丸太にチェンソーを下から入れ、半分切ったところで今度は上から切り、30mmから80mmの厚さに輪切りにする競技です。このとき、下から入れた切り込みと上から入れた切り込みのズレ、段差の幅で採点されます。傾いている丸太に対して上下の方向から垂直にチェンソーを入れることが重要となります。この競技では、輪切りにした丸太の段差を5mm以内にするという正確さが上位に入るためのポイントとして求められます。また、断面がいかに90度近くになるかということも採点のポイントになるそうです。
さて、この種目に特に思い入れがあって得意だとおっしゃる西山さん、このためにすごく練習をしたそうですね。

西山　だいぶ練習しました。

飛塚　どれくらいですか。

第3章 「緑の研修生」が描く未来

西山　丸太50本ぐらいはしました。

飛塚　50本ですか。しかも、この競技では、先に下から刃を入れるんですよね。

西山　そうです。普段は上から入れるんですが、この競技は下から入れるので、下から90度というのがやっぱり難しいです。

飛塚　せっかくなので、どういう手順でやるのか、ステージ上にチェンソーを用意しましたので、やってみていただいてもいいでしょうか。

西山　普段は上から入れて、バーが挟まりそうになったら抜いて、下から入れますが、この競技の場合は下から入れて、赤のラインにきたらバーを抜いて、そして切り口を見てそのまま切ります。

飛塚　では、上から入れるときの切り口は？

西山　下からの切り口を両方見て、それで入れます。

飛塚　そこで段差が出ないようにするということでしょうか。

西山　そうです。

飛塚　5mm以内に合わせるコツはありますか。

西山　思い切っていくことです。

飛塚　思い切っていくんですか。でも、曲がっちゃったかなといった場合はどうするんですか。

西山　迷ってやると段差が大きくなってくるので、思い切って切るようにしています。

飛塚　思い切りも重要になる競技ですね。しかも、2本切るんですよね。

西山　そうです。高いやつと低いやつを切ります。

飛塚　その2本とも段差が5mm以上出ないように切るということなんですね。

西山　そうです。山ですと斜面があって切りやすいところがありますが、まっすぐなところで

85

斜めになった木を切るというのは難しいと思いました。

**飛塚** 改めて、輪切りにすることの難しさが実感できる競技だったんですね。

## 接地丸太輪切り競技も「5mm以内」が目標

**飛塚** 続いて、4つ目の競技の目標値はこちらです。

「5mm以内」。

同じく5mm以内ですが、その競技とは、接地丸太輪切り競技です。

接地丸太輪切り競技は、地面に置かれた丸太を上から垂直に30～80mmの厚さに切り出す競技です。丸太が置かれている地面をチェンソーが切ってしまいますとポイントは一気にゼロになってしまいます。そのため、ある程度の切り残しが必要ですが、その切り残しが少ないほど高得点になります。しかも、丸太がどこで接地しているのかがわからないように、接地面の上は薄くおがくずで覆われている状況です。つまり、この競技では、丸太の切り残し5mm以内を狙う技術が、上位に入るために必要となります。また、この競技も、断面が90度に近くなるほど高得点を獲得することができます。

ということですが、すごく難しそうです。しかも、切るときには独特な方法になるということですが、片岡さん、どのくらい難しい競技なんでしょうか。

**片岡** 一見地味に見えるのですが、攻める姿勢というか、攻める勇気が非常に必要です。

**飛塚** 攻める勇気ですか。上から切るときは立った状態だと思いますが、最後はどうなるんで

しょうか。

片岡　写真（前頁）のようになります。

飛塚　そこまでやられるんですか。そして、最後は5mm以内を狙うんですね。

片岡　そうです。僕はこのやり方がしっくりきます。一番攻められる姿勢です。

飛塚　おがくずで覆われている部分がありますから、切っているときは見えていないと思いますが。

片岡　そうです。まったく見えていません。

飛塚　自分の感覚で「ここまでかな。」というのを認識されるんでしょうか。

片岡　普段の感覚で、「このへんまでなら攻められるかな。」というのがあるんですが、攻めすぎてしまうとゼロポイントになってしまいますから、そことの境目でどれだけ攻めるかです。

飛塚　いわゆる「寸止め状態」なんですね。

片岡　そうです。

飛塚　今まで「これはうまくいったな。」というときは何mmぐらいまでいきましたか。

片岡　練習では1mmくらいまでやったことはありますが、本番ではそこまでは攻められなかったです。

飛塚　常に木を切る作業をやっているからこそ、身についている部分が試される競技でもあるということでしょうか。

片岡　そうです。やはり普段からの仕事の流れでやっている感じです。

## 枝払い競技は「1本0.7秒以内」のスピード

飛塚　ここまで4つの種目をご紹介しましたが、最後の5つ目はこちらとなります。「1本0.7秒以内」。

上位に入るために1本0.7秒以内で行う必要がある競技は、枝払い競技です。

枝払い競技は、6mの丸太にまっすぐに差し込まれた30本の枝をチェンソーで切り払い、枝払いの跡が5mm以上残ったり、丸太に深さ5mm以上、または長さ35cm以上の傷がつくと減点されてしまう競技です。選手には、1本0.7秒以内で切るスピードと、安全性、正確性が求められます。

さて、この種目を得意としている福山さんですが、この種目は1人で行うわけではないんですね。

福山　はい。ステージ上に2人が上がって、2人同時に競技が行われます。

飛塚　ということは、相手が今どこまで進んでいるかを横目でチラチラ見たりするんでしょうか。

福山　見てしまいます。

飛塚　そうすると集中できないんじゃないですか。相手を気にしないでいかに進むかというこ

とが重要になりますね。

福山　そうです。

飛塚　しかも、枝払いの跡が5mm以上残っていると減点になってしまいます。この5mmというのは難しそうですが。

福山　難しいです。5mm以上残ってしまったり、逆に幹を5mm以上傷つけてしまったりするので、一番難しいです。

飛塚　枝払い競技では、動けるタイミングというのが安全性の部分から決まっていると聞いたのですが。

福山　それはあります。チェンソーが自分の身体の前にあるときには足を前に動かしてはいけません。

飛塚　安全性を確認しつつ、でも1本当たり0.7秒以内にどんどん進まなければいけないわけですね。

福山　はい。やはり日ごろからの練習が大事になってきます。

飛塚　この競技のためにどれぐらい練習しましたか。

福山　競技では枝が30本ついているんですが、500本ぐらい、もしかしたらもう少し多いかもしれません。

飛塚　この競技に参加する前は、そういう枝払いの練習をすることってありましたか。

福山　なかったです。

飛塚　この競技に出るために練習されたということですね。

福山　はい。

## チェンソーマンとしての安全意識が向上

**飛塚** さて、5つの種目について選手の皆さんのお話を交えながら紹介してきました。この大会に出場することで自分の技術レベルがはっきりわかるので、「以前にも増して腕を磨きたくなった。」という方も出場者の中には多いそうです。
福山さん、大会出場前と後で、現場での気持ちは変わりましたでしょうか。

**福山** 大会が終わってからは、安全意識が高まりました。チェンソーのチェンブレーキを大会前はあまりかけていなかったのですが、必ずブレーキをかけるようになりました。チェンソーの掃除もあまりしていなかったのですが、大会に出るとみんなきれいにしているので、チェンソーを使うときには常にきれいに掃除するようになりました。

**飛塚** 西山さんはどうですか。

**西山** 枝払いなんかのときに丁寧にやることを意識しているのと、安全面から移動するときにはチェンブレーキを必ずかけるようにしています。

**飛塚** 片岡さんは？

**片岡** 2人も言ったように、安全を意識するようになりました。今までやらなかったことが、この大会で身についたというか、身体にしみついたというか、そういう感じで、本当に安全を心がけています。

**飛塚** JLCに出場することがチェンソーマンとしての意識をより高めることにつながったということですね。ありがとうございました。
さて、JLCの魅力について聞いてきましたが、そろそろ終わりの時間が近づいてきました。最後に、森林と生きるチェンソーマンとしての皆さんのこれからの目標を一言ずつうかがいたいと思います。では、片岡さんからお願いします。

**片岡** この大会を通じて普段の仕事でも安全意識が非常に高まったし、自分的にはまだまだ技術をつけたいと強く思っています。これからも頑張っていろいろなものに挑戦していければと思います。

**飛塚** 続いて、西山さん、お願いします。

**西山** まだまだ僕は若いので、しっかり経験を積んで、技術をつけて、現場でナンバーワンを目指したいです。

**飛塚** では、最後に福山さん、お願いします。

**福山** 技術や知識をしっかり勉強して、これからの林業に貢献できるように頑張っていきます。

**飛塚** ありがとうございました。しっかりと目標を持ち、一歩ずつ着実に進んでいく皆さんの目標が達成できることを願っています。ぜひ、頑張ってください。

# 林業への就業とキャリアアップ

林業ってどんな仕事——？
森林（もり）で働くことに興味と関心を持つ人が増えてきています。
このような人達に向けて、未経験者でも森林の仕事に就き、
スキルアップをしていく仕組みがつくられています。
林業に就業するための窓口や「緑の雇用」事業の概要、
そして実際に森林で行う仕事の内容をご紹介します。

## 1. 就業への窓口
### (1) 森林の仕事ガイダンス

　森林の仕事ガイダンスは、「緑の雇用」事業の一環として、新たな林業の担い手の確保・育成を目的に、森林・林業に関心を持つ人を対象に行われている説明・相談会です。

　ガイダンスの会場では、参加都道府県の林業労働力確保支援センターや森林組合連合会が相談ブースを設け、各地の林業に関する情報、現場で行う作業の内容や就業までの流れについて説明し、参加者からの相談に応じています。

　東京・大阪といった大都市のほか、各地でエリアガイダンスが開催されており、林業に関心を持つ人に対する貴重な情報提供の場となっています。

　ガイダンスの会場では、就職の斡旋そのものは行っていませんが、就業に向けた講習の案内や林業で必要な資格に関する情報のほか、「緑の研修生」によるトークショーなどを通じて、森林の仕事の現状を理解することができます。

森林の仕事ガイダンスの様子

「森林の仕事ガイダンス」の実績

| | 平成23年度 | 平成24年度 | 平成25年度 | 平成26年度 | 平成27年度 |
|---|---|---|---|---|---|
| 実施地域数 | 14地域 | 16地域<br>うち大都市では東京・大阪で開催 | 19地域<br>うち大都市では東京・大阪で開催 | 21地域<br>うち大都市では東京・名古屋・大阪で開催 | 22地域<br>うち大都市では東京・大阪で開催 |
| 相談者数 | 867人 | 2,608人 | 2,458人 | 3,524人 | 2,768人 |

# 「森林(もり)の仕事ガイダンス2017」開催レポート

　全国森林組合連合会が主催する「森林の仕事ガイダンス2017」が、平成29（2017）年1月下旬から2月中旬にかけて、大阪・東京・名古屋の3会場で開催されました。
　このガイダンスは林業に興味を持つ人を対象に、林業就業支援講習や「緑の雇用」制度などの就業前後のサポートに関する情報提供のほか、仕事内容や生活について相談ができるイベントになっています。幅広い地域や年齢層の人が来場し、林業の基本的な知識から疑問や不安な点まで積極的に相談する姿が多くみられました。

## オリエンテーション

　受付後最初に行われるオリエンテーションでは、ガイダンス会場の各ブースの説明から、森林の持つ機能や仕事の内容、就業するまでの道筋、就業後に活用できる「緑の雇用」制度についてなど、相談する際に役立つ説明が行われました。オリエンテーション終了後、来場者は相談したい内容に合わせ、各ブースへ足を運んで行きました。

## 全森連相談ブース

　全森連相談ブースでは、まだまだ林業について疑問が残っている人に向けて、基本的なことから業界の現状など様々な質問を受け付けました。また、「緑の雇用」制度や林業就業支援講習など、各種制度について詳しく知りたい場合もこのブースで対応しました。「林業に興味があるけど未経験でも大丈夫か」、「資格等必要なものはあるのか」など、林業について知る最初の相談コーナーとして多くの人が立ち寄りました。

## 都道府県相談ブース

　都道府県相談ブースでは、各地域の林業の特色や現在の求人などに関する相談が行われました。IターンやUターンを希望する来場者は、生育している樹木の種類や状況などその地ならではの情報を得ることができ、移住・就業に向けて具体的に決める材料が得られたようです。

今回は3会場合わせて41都道府県が参加し、林業で実際に働く若い人の様子を撮影したDVDの配布や、森林の仕事以外でも生活や地域の魅力がわかる資料を、各都道府県ごとに配布しました。

また、相談員は地域をよく知るベテランや女性などがつとめ、展示を見ている人・迷っている人へ積極的に声をかけるなど、相談しやすい雰囲気がつくられていました。

## 緑の研修生交流ブース

緑の研修生交流ブースでは、実際に林業の現場で働く緑の研修生たちと会話し、就業までの道筋や体験談などが聞けるようにしました。気軽に質問や相談ができるため、時には真剣な表情をしながらも笑顔の絶えないブースになっていました。

また、女性の来場者からは、女性の研修生に対する質問も多く、女性ならではの相談もこのブースでは頻繁に行われていました。

話を聞いた来場者は、最近の作業内容や機械操作の危険性など生の声が聞けて、非常に参考になったと話していました。

## 展示コーナー

　展示コーナーでは、実際に使用される道具や間伐材を利用した製品が展示されました。来場者はチェンソーや防護服を手に取って重さや材質などを調べたり、スタッフから説明を受けながら積極的に質問をしていました。展示品以外にも壁側に各種パネルが設置され、各種支援制度や森林の仕事についてなど、オリエンテーションで説明された基本的な知識を改めて確認できる場所になっていました。

## ハローワーク相談ブース

　ハローワーク相談ブースは、林業等の第1次産業を専門に扱う担当者から、各地域の労働条件や給与などの詳しい情報が聞ける場所です。そのほかにも、求人の探し方や求人活動の具体的なアドバイスも行っているため、親子連れで相談をする人もいました。また、ブース横の机で全国の求人情報を探すことができるため、働きたい地域の求人を調べる人も多くみられました。

## イベントコーナー：緑の研修生トークショー

　イベントコーナーでは、女優の葛城七海さんを進行役として迎え、現場で活躍している緑の研修生のトークショーが行われました。各会場2回ずつの開催でしたが、どの回でも大勢の来場者が集まり、満席のため立ちながら聞く人もいました。

　トークショーには女性の研修生も多く参加していましたが、どの回でも現場の環境の厳しさや危険性と、それに勝るやりがいや楽しさ、自然の素晴らしさを感じ、誰もが誇りをもって仕事をしていることがうかがえました。

トークショーの最後には、緑の研修生から来場者へ「難しさや厳しさもあるが、ぜひ挑戦してほしい」というメッセージが送られました。

### イベントコーナー：JLC トークショー

「森林の仕事ガイダンス2017」では、JLC（日本伐木チャンピオンシップ）についてのトークショーが大阪会場で行われました。ステージ上では司会進行役の飛塚ちとせさんとJLCの参加者3名が、重要なキーワードを交え、ときには実物のチェンソーを用いながら競技内容について説明を行いました。競技大会ということでスポーツイベントのような印象もありますが、安全性や正確性も採点に反映されるため、JLCの参加者からは大会に出ることによって、普段の仕事でも安全かつ正確にできるようになったという感想が聞かれました。

JLCについては、インターネット上に最新の状況を伝える特設ページ（http://www.ringyou-goods.net/jlc/）が設けられています。

### 来場者の声

#### 兵庫県在住　20代　女性
近畿地方の大学生で現在就職活動中です。山岳部に所属しているため山を見る機会が多く、京都や兵庫などのきれいな杉を見て林業に興味を持ちました。都道府県別のブースで女性の就職や活動内容などについて話をしました。今回初めて来てみましたが、いろいろな年代の人が来ているので驚きました。

#### 東京都在住　20代　女性
都内出身都内在住で結婚をしているため、東京での林業の状況や女性の雇用状況について調べに来ました。思っていた林業のイメージと違い、参加している人も学生など若い人が多くて驚きました。現在は全く違った職種で働いていますが、もともと山に興味があったので、学生時代にこういった選択肢を知っていればよかったと思っています。

**東京都在住　20代　男性**

関東圏の大学で林業について勉強しています。電車で広告を見つけ、他の大学を含めゼミの仲間を呼んで10人ほどで来ました。研修生ブースや都道府県別のブースで、地域別の作業の違いなどの生の声を聞いてきました。今後林業方面の仕事に就くために、とても参考になったと思います。

**大阪府在住　30代　男性**

現在就いている仕事が、アパレルの店舗のマネージャーなのですが、会社の都合で店舗が閉鎖することになり、新たな進路としていろいろやりたいことを見つめなおしている最中です。このイベントは人から聞いて参加しました。オリエンテーションでは、林業が人々の生活を守るために機能していることを知り、大変有意義な仕事だと感じました。緑の研修生相談ブースでは働く人の生の声を聞きたいと思っています。

**大阪府在住　40代　女性**

豊かな自然の中での仕事に魅力を感じています。ただ、男性的な仕事というイメージがありますし、年齢や移住を考えるとなかなか踏み切りがつかずにいました。でも、都道府県ブースで、研修からスタートできると聞いて安心しました。機械もあるし、荒れた山を手入れするために、女性の私にもできることがあるのではないかと思います。これから、具体的な行動を起こしていきたいと思います。

**兵庫県在住　30代　男性**

趣味がウィンタースポーツで、雪山が大好きです。自分で木材を購入し、加工したボードでスノーボードをしています。それを教えてくれた知人が北海道にいて、北海道への移住を考え情報収集に来ました。都道府県の相談ブースでは具体的なことを聞けて大変参考になりました。自然相手の仕事だから、期間限定の働き手として、参加することもできそうです。これまでデザイナーの仕事をいろいろしてきましたので、林業の仕事がない期間はデザインをして、森林の仕事の幅を広げるようなこともできるのではないか？と期待しています。

**東京都在住　10代　女性**

現在大学で環境学や林業について勉強をしています。別の大学で同じ方面を目指している友人と二人で来ました。森林での作業も興味はありますが、今は林野庁で森林の管理や整備を行ったり、環境省で森林再生に携わるなど公務員として働くことを目標にしています。今回、様々な立場から働いている人の話が聞けたのでとても参考になりました。

### 兵庫県在住　30代　男性

テレビで林業を紹介していて、興味があり参加しました。今はドライバーや倉庫で荷卸しなどの体を動かす仕事をしており、体力にはやや自信があります。ただ、今の仕事は夜が遅く不規則です。子供たちがまだ小さいので家族の時間が持てる、日の光とともに仕事をする森林の仕事に惹かれました。ただし妻が働いているので、県内で就職できたとしても、勤務先によっては単身赴任をしないといけないかもしれません。二重生活が心配で、いろいろ相談に来ました。

### 東京都在住　40代　男性

WEBで広告を見かけ、面白そうだったので夫婦で来てみました。各ブースを全体的に回り、トークショーや展示物などを見ました。現在都内在住で、具体的に考えているわけではありませんが、地方への移住の際の仕事の一つとして参考になりました。

### 東京都在住　30代　男性

電車の広告でこのイベントを知り、林業に少し興味があったので参加してみました。現在都内で働いていますが、転職を機に地元の栃木へ戻ろうと思っています。各ブースで少し話も聞きましたが、この後地元の方でもガイダンスが行われるということで、そちらの方にも参加してみようと思います。

### 長野県在住　20代　男性

ネットサーフィン中に森林の仕事ガイダンスの広告を見つけ、参加してみました。今は長野県で畜産を勉強しているので、少し専攻しているものから離れていますが、もともと林業にも興味があったので今後こちらの就職も考えています。あまり林業に対する知識はないので、実際に働いている人から機械の操作や危険性など具体的に聞くことができてとてもよかったです。

### 奈良県在住　50代　男性

これまでSEをしてきたのですが、新たな分野に挑戦したい思っていたところ、ハローワークでこのイベントを知り参加しました。林業についてはほとんど知らなかったのですが、「緑の雇用」制度により、ステップアップしていけるということがわかりました。妻が正社員なので近くで探したいのですが、場合によっては近隣の和歌山、福井、高知あたりも検討したいと思っています。就業支援講習にも参加してみたいですね。

### 愛知県在住　30代　女性

今は事務職をしておりますが、体を動かす仕事がしたいと思い、今回イベントに参加しまし

た。都道府県コーナーの愛知県と高知県ブースでお話をうかがい、林業の学校があることを初めて知りました。技術支援や補助制度など充実していて、安心しました。今後は林業に就労できるようがんばりたいと思っています。

### 愛知県在住　20代　男性
製造業で働いているのですが、電車の中吊り広告を見て他の業界が気になり、イベントに参加しました。まだオリエンテーションを聞いたばかりなので、これから都道府県コーナーで林業の仕事や就業に向けたアドバイスなどの話を聞きたいと思っています。今後はまだわかりませんが、転職の際の参考になればいいですね。

### 三重県在住　20代　男性
電車の広告を見て、参加しました。工業大学に通っており、自分の持つ機械の知識を活かせる仕事を探していました。都道府県コーナーの高知県ブースでは、林業就業の条件や待遇面など移住も視野に入れた実際の話が聞けてよかったです。トークショーの研修生の話を聞いて、林業に持っていたイメージが変わりました。

### 愛知県在住　20代　男性
実家の家業が林業の仕事をしていた関係で、以前から林業に興味はありました。私は大学を卒業後、銀行に勤めていますが自然と向き合う仕事がしたいとの思いから、イベントに参加しました。全森連ブースと愛知県ブース、研修生ブースで林業に就いてからの生活、将来設計など具体的な話を聞くことができました。

### 岐阜県在住　20代　女性
現在、大学で森林の生態系を学んでおり、林業の仕事について詳しく知りたいと思い、イベントに参加しました。都道府県コーナーでは京都府、大分県ブースをまわり、各県の就業支援の取り組みについて話を聞くことができました。林業に就労するかは未定ですが、林業の世界を知ることができ、参加してよかったです。

## （2）緑の青年就業準備給付金事業

　緑の青年就業準備給付金事業は、林業への就業希望者の裾野拡大を図るとともに、知識等を習得した青年が就業先で活躍することにより、林業経営の活性化を図ることを目的に、都道府県が実施しています。

　本制度では、都道府県が適切と認める林業大学校等の研修機関において必要な知識等の習得を行い、将来的に林業経営をも担い得る有望な人材として期待される青年に対して、安心して研修に専念できるよう給付金を支給しています。

　平成25（2013）年度にこの事業がスタートして以降、新たに林業大学校等を設立する県が増加し、平成29（2017）年度には18府県での活用が予定されています。

緑の青年就業準備給付金事業　実施都道府県（平成29年3月現在）

| 都道府県 | | 都道府県認定研修機関 | 研修年数 | 事業開始（予定）年度 |
|---|---|---|---|---|
| 岩手県 | | 岩手県林業技術センター<br>（研修名「いわて林業アカデミー」） | 1 | H29（予定） |
| 秋田県 | | 秋田県林業研究研修センター<br>（通称「秋田林業大学校」） | 2 | H27 |
| 山形県 | ○ | 山形県立農林大学校 | 2 | H28 |
| 群馬県 | ○ | 群馬県立農林大学校 | 2 | H25 |
| 新潟県 | ○ | 日本自然環境専門学校 | 2・3 | H25 |
| 福井県 | | ふくい林業カレッジ | 1 | H28 |
| 長野県 | ○ | 長野県林業大学校 | 2 | H25 |
| 岐阜県 | ○ | 岐阜県立森林文化アカデミー | 2 | H25 |
| 静岡県 | ○ | 静岡県立農林大学校 | 2 | H25 |
| 京都府 | | 京都府立林業大学校 | 2 | H25 |
| 兵庫県 | ○ | 兵庫県立森林大学校 | 2 | H29（予定） |
| 和歌山県 | | 和歌山県農林大学校 | 1 | H29（予定） |
| 島根県 | | 島根県立農林大学校 | 2 | H25 |
| 徳島県 | | とくしま林業アカデミー | 1 | H28 |
| 高知県 | | 高知県立林業学校 | 1 | H28 |
| 熊本県 | | （公財）熊本県林業従事者育成基金 | 1 | H25 |
| 大分県 | | （公財）森林ネットおおいた<br>（研修名「おおいた林業アカデミー」） | 1 | H28 |
| 宮崎県 | | 宮崎県林業技術センター<br>（研修名「みやざき林業青年アカデミー」） | 1 | H26 |

注：○印は学校教育法に基づく専修学校

### （3）林業就業支援講習

　林業就業支援講習は、林業への就職を希望する人（原則45歳未満）の円滑な就職を支援することを目的に、国（厚生労働省）の委託事業として全国森林組合連合会（林業労働力確保支援全国センター）が実施している制度です。

　本制度には、相談コース（1日間）、体験コース（5日間）、実習コース（20日間）があり、各都道府県の林業労働力確保支援センターが開催する講習会等に参加することが可能です。

## 2．「緑の雇用」事業
### （1）「緑の雇用」とは

　「緑の雇用」事業（「緑の雇用」現場技能者育成推進事業）は、森林組合などの林業事業体が新規就業者を雇用して行う人材育成研修をサポートする制度で、国（林野庁）の補助事業として平成15（2003）年度に開始され、これまでに多くの林業事業体に活用されています。

　林業の現場技能者として一人前になるには、数年かかると言われています。

　また、林業の現場で活躍できるスペシャリストになるためには、さまざまな技能をマスターしなければなりません。

　そこで、「緑の雇用」事業では、新規就業者が、将来、安全かつ効率的な森林施業を主導することができる人材となれるように体系的な研修プログラムが用意されています。

　具体的には、新規就業者を対象とした3年間の林業作業士（フォレストワーカー）研修や、一定の技術と経験を有する就業者を対象とした現場管理責任者（フォレストリーダー）研修、統括現場責任者（フォレストマネージャー）研修を行うことで、林業就業者のキャリア形成を支援しています。

第4章 林業への就業とキャリアアップ

# 「緑の雇用」事業の研修の体系と助成月数（日数）

| 研修の種類 | 実地研修（OJT） |
|---|---|
| 【試用期間】<br>トライアル雇用 | 最大3ヶ月<br>（上限60日） |

| | 集合研修<br>（都道府県毎に森林組合連合会等に委託して実施） | 実地研修（OJT）<br>（事業体毎に実施） |
|---|---|---|
| 【新規就業者】<br>林業作業士研修<br>（フォレストワーカー）<br>（1年目） | 28日間程度<br>【安全講習等】<br>・普通救命講習<br>・刈払機取扱作業者<br>・チェーンソー伐倒等業務<br>・玉掛け<br>・小型移動式クレーン運転業務<br>・走行集材機械運転業務<br>【一般研修（一例）】<br>・現場作業における安全力<br>・チェーンソーのメンテナンス<br>・鳥獣害対策（わな猟講習）<br>・安全な造林作業<br>・チェーンソーによる素材生産の進め方<br>・安全な伐倒作業 | 実践研修<br>最大8ヶ月<br>（上限140日） |
| （2年目） | 29日間程度<br>【安全講習等】<br>・不整地運搬車運転業務<br>・はい作業従事者<br>・機械集材運転業務<br>・車両系建機運転技能講習<br>・走行集材機械運転業務<br>【一般研修（一例）】<br>・森林整備での労働災害<br>・GPS測量の方法<br>・かかり木処理の進め方<br>・安全な伐倒作業の確認 | 実践研修<br>最大8ヶ月<br>（上限140日） |
| （3年目） | 21日間程度<br>【安全講習等】<br>・簡易架線集材装置運転業務<br>・伐木等機械の運転業務<br>【一般研修（一例）】<br>・事業所経営の展望<br>・素材生産での労働災害<br>・チェーンソー伐倒造材の高度化<br>・木材流通と木材利用<br>・安全な路網開設・維持作業 | 実践研修<br>最大8ヶ月<br>（上限140日） |

| | 集合研修 |
|---|---|
| 【就業経験5年以上】<br>現場管理責任者研修<br>（フォレストリーダー） | 16日間程度<br>【安全講習等】<br>・造林作業指揮者<br>・はい作業主任者<br>・地山の掘削及び土止め支保工作業主任者<br>【一般研修（一例）】<br>・作業管理、人的管理、ミーティング<br>・現場のコスト管理<br>・リスクアセスメント<br>・高性能林業機械作業の安全確保 |
| 【就業経験10年以上】<br>統括現場管理責任者研修<br>（フォレストマネージャー） | 10日間程度<br>【安全講習等】<br>・安全推進者養成講習<br>【一般研修（一例）】<br>・無災害の推進<br>・受注管理、外注管理の進め方<br>・高性能林業機械等の作業システムの選択<br>・現場管理の手法と実践<br>・原木・製品市場の情報 |

## (2)「緑の雇用」Q＆A

「緑の雇用」事業に関するよくある質問への回答を、Q＆A形式でまとめました。

**Q** 森林で働きたいのですが、どうすればいいのでしょうか？
**A** 林業に従事するには、
 1．各地の森林組合の現場職員になる
 2．民間の造林会社、素材生産会社等の林業事業体に就職する

などの方法があります。この中で最も採用規模が大きいのは全国に約630ある森林組合です。森林の仕事の就業情報は、各都道府県の林業労働力確保支援センターやハローワークで知ることができます。（林業労働力確保支援センターの一覧は、p200に掲載してあります。）

しかし、林業では、森林の生育状況によりさまざまな作業があり、また、地形などの自然条件に応じた技術も必要であり、一人前と認められるまでには最低3～5年はかかるといわれています。林業は、自然の中で働く喜びや森林整備を通じて人々の安全や環境を守る大切な意義がある反面、厳しい面もある仕事です。まずは、各地で開催されるガイダンス（説明・相談会）等で情報収集・相談をすることをお勧めします。

**Q** 「緑の雇用」の対象となる林業事業体とは、どのような事業体ですか？
**A** 「緑の雇用」事業による支援を受けることができる林業事業体は、林業労働力の確保の促進に関する法律に基づく「改善計画」を作成し、これを都道府県知事から認定を受けた事業体（認定林業事業体）です。

認定林業事業体は、事業体が所在する都道府県の林業労働力確保支援センターで確認することができます。

**Q** 「緑の研修生」には、どうしたらなれますか？
**A** 「緑の研修生」になるためには、制度の対象となっている森林組合や林業会社などの事業体に雇用されていることが条件となります。まずはガイダンスや林業就業支援講習等を活用して林業への理解を深めていただき、ハローワークや各都道府県の林業労働力確保支援センター等を通じて林業事業体に就業してください。

なお、研修生に求められる要件は、次のとおりです。

・林業就業に対する意識が明確な方
・林業就業に必要な技能を身につける必要がある方（林業就業経験が2年未満）
・研修修了後、5年以上就業できる年齢である方（概ね60歳未満）
・林業に必要な健康状態の方…など

**Q 森林組合とは何ですか？**

**A** 森林組合とは、森林の所有者が互いに共同して林業を発展させ、森林を守り育てていくことを目的として森林組合法に基づいて設立された協同組合です。組合員である森林所有者に対して森林の経営に関する指導等のほか、組合員の森林等において、間伐や下草刈り、伐採、植林などの「森林の仕事」を行います。

**Q 全森連（全国森林組合連合会）とは、どんな組織なのですか？**

**A** 森林組合系統の全国組織として、指導、販売、購買等の各事業を行うほか、「緑の雇用」事業の事業実施主体となっています。また、都道府県で林業労働力の確保の促進に関する法律に基づき指定されている林業労働力確保支援センターの全国協議会事務局が設置されており、林業における雇用管理の改善等の業務も行っています（平成28年度時点）。

**Q 林業とは、どのような仕事をするのでしょうか？**

**A** 国土の7割以上を占める森林を維持管理し、育成した樹木を伐採し、木材資源として生産していく仕事です。また、樹木を伐採した後に苗木を植え、豊かな森林に育つように下刈りや枝打ち、間伐を行いながら100年先に豊かな森林を伝えていく息の長い仕事です。（詳しくは、p107「森林の仕事紹介」を参照してください。）

**Q 林業の作業に必要な資格には、どのようなものがありますか？**

**A** 次のような資格等があり、「緑の雇用」の集合研修で取得のための支援を行っています。（林業において必要となる主な安全講習等については、p151に掲載してあります。）

・刈払機取扱作業者に対する安全衛生教育（刈払機を取り扱う資格）
・伐木等の業務に係る特別教育（チェーンソーを取り扱う資格）
・車両系建設機械運転技能講習
・玉掛け技能講習
・小型移動式クレーン運転技能者講習

**Q** 労確センターって何ですか？

**A** 「労確センター」は、正式には「林業労働力確保支援センター」といいます。高齢化や後継者不足により森林の担い手である林業従事者が減少していることに対処するため、「林業労働力の確保の促進に関する法律」に基づき、各都道府県知事が指定した公益法人等です。林業労働力確保支援センターは、事業主からの委託を受けて合同説明会の開催、林業労働に関する研修や求人情報の提供などの事業を行います。

**Q** 収入はどのくらいですか？

**A** 働く林業事業体にもよりますが、日給月給（出勤した日数を月ごとに支払い）の支払い形態をとっているところが多いことや天候や仕事の量に左右されるため、不安定な面があります。

　初心者である「緑の研修生」は、日給8,000円〜1万円程度が多いようです。

**Q** 女性でも就業できますか？

**A** 未経験の女性でも「緑の研修生」になることができ、現場作業員として就業されている方もいらっしゃいます。林業というと力仕事のイメージがあるかもしれませんが、近年の林業では、機械化が進み、女性の方が活躍する場も広がっています。

## 3．森林の仕事紹介

　林業の現場では、樹木の成長や季節の変化などに応じて、さまざまな作業が必要になります。主な森林の仕事の内容を紹介します。

## （1）夏・秋編

・下刈り
　植え付けされた苗木の成長を妨げる植物を除去する作業です。
　通常、植え付け後5年から8年の間行います。
　雑草や笹がよく繁る場所では、2年から4年くらいの間は、年に2回ほど行います。

・つる切り
　くず、藤などのつる性植物が木に絡まったものを除去する作業です。
　つるが幹に巻き付くと、幹が締め付けられて変形したり、雪で折れやすくなったりします。

・除伐
　植えた木が成長し、下刈り終了後、3～5年たったときに、目的樹種以外の植物を中心に、形質の悪い木を除去する作業です。
　通常、6月から8月にかけて行います。

・枝打ち
　枯れ枝やある高さまでの生き枝をその付け根付近から除去する作業です。
　無節な良質材の生産と、林内の光環境の改善を目的としています。

・間伐

　混みすぎた森林を、適切な密度で健全な森林へ導くために行う間引き作業です。

　利用できる大きさに達した立木を、徐々に収穫するためにも行います。

・道具の手入れ

　日々の作業を安全に、効率よく行うために、刈払機やチェンソーのメンテナンスや刃の目立てなどを欠かさないようにします。

## （2）冬・春編

・寒伏せ

　苗木を寒冷期の凍害から防ぐために、土中に埋める作業です。冬が始まる頃に行います。

　春先には埋めた苗木を土中から出す、寒伏せ起こしの作業を行います。

・雪起こし

　雪圧によって倒れた幼齢木を起こし、縄などで固定し、木を垂直に育てる作業です。

　雪解け後、ただちに行います。

・主伐

　伐採時期を迎えた木を伐り収穫し、次世代のための土地再生を行います。

　一定区間にある木をすべて伐採する皆伐の他、部分的に伐採し、跡地に苗木を植え、樹木の世代交代を図りながら収穫していく方法があります。

・集材・運材

　集材は、林地に散在している伐倒木や造材した丸太を林道端などの1か所に集める作業です。

　運材は、集材された木材をトラックなどに積み込み、木材市場や貯木場に運ぶ作業です。

・地拵え

　伐採した森跡地に次の苗木を植えるため、整地をする作業です。

　伐採の後に残った枝葉をきちんと片づけ、雑草などを刈り取り、植樹しやすいように土地を整えます。

・植え付け

　地拵えを終えた場所に、苗木を1本ずつ丁寧に植え付けていきます。

　また、植え付けした苗木が、鹿などの動物に食べられてしまわないように、周囲に防護ネットを張り巡らせて苗木を守ります。

・重機のメンテナンス

　ヘッドの損傷や油切れの確認など、重機を使うには日常のメンテナンスが必要です。

　損傷を発見したら部品を交換し、油切れの場合はグリスを注入するなどします。

第5章

# 伐木チャンピオンシップ
## ──日本から世界へ──

チェンソーの扱いに慣れてくると、
より高い技術に挑戦したくなってきます。
ただし、伐倒作業は危険を伴いますから、
常に安全第一で取り組んでいくことが大原則です。
このような観点から、全国的な競技大会として
伐木チャンピオンシップが開催されています。
本章では、伐木チャンピオンシップの概要とその魅力を
入賞者へのインタビューとともにお伝えします。

# 第 5 章　伐木チャンピオンシップ

## 1．JLC と WLC

　林業は、急傾斜地においてチェンソー等を用いて樹木を伐倒する作業を行うため、他産業と比べて労働災害の発生率が高く、作業技術の安全性を高めることが大きな課題となっています。

　こうした中で、2014 年から「日本伐木チャンピオンシップ（Japan Logging Championships、以下「JLC」と略）」が開催されています（運営事務局は、全国森林組合連合会（系統機械化情報センター）がつとめています）。

　JLC は、2 年に一度開催される「世界伐木チャンピオンシップ（World Logging Championships、以下「WLC」と略）」の日本国内予選として実施されており、「林業技術及び安全作業技術の向上」及び「林業の仕事を一般に広め、林業の社会的地位向上を図ること」を目的として、チェンソーによる伐木・造材作業の技術を競う大会となっています。

## 2．JLC の意義

　JLC は、単なる伐木の競技大会ではなく、大会ルールや採点基準が林業の安全作業に結びつく内容になっていることが大きな特長です。

　安全に関する減点項目が非常に大きく配分されているほか、チェンソー防護衣等の安全装備の着用や、救急セットの所持が競技参加の必須項目となっています。

　また、競技の正確さを採点する項目が細分化されており、数値で評価されるので、安全な林業作業の基礎を習得する上でも非常に有効です。

## 3．JLCの競技種目

　JLCでは、5つの個人競技の合計ポイントによって総合順位が決まります。各種目の内容は、次のとおりです。

①伐倒競技

　自分で定めた標柱（目印）にできるだけ接近して倒せるよう、3分以内に木を伐倒します（3分を超えると減点）。5種目の競技の中で最も配点が高く、安全作業を意識するとともに、正確性が求められます。林業の事故で最も多い"かかり木"（倒す木が隣の木などに引っかかってしまうこと）を防ぐことなどを想定して、狙った場所への正確な伐倒技術、伐倒後の退避が重要なポイントとなります。

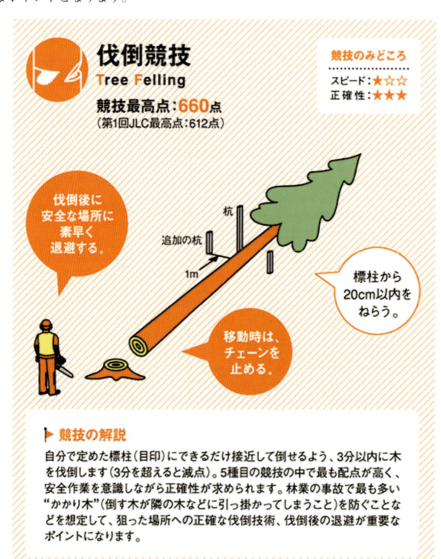

②ソーチェン着脱競技

　チェンソーからソーチェン（刃）を外し、ガイドバーの上下を入れ替えて取り付け、別のソーチェンを素早く装着します。チェンソーで木を伐る技術だけでなく、普段のメンテナンスなどチェンソーの構造を理解しておくことも必要になります。

　この競技でソーチェンを交換したチェンソーを使用して、「③丸太合せ輪切り競技」と「④接地丸太輪切り競技」を行います。続けて行う2競技の間はチェーンの調整ができないため、競技の際にソーチェンやバーカバー、ナットが外れた場合は、ソーチェン着脱競技の得点は0点になります。

③丸太合せ輪切り競技

　地面から7°に傾いた2本の丸太を垂直に上下から切り出し30〜80mmの厚さに輪切りします。

　切り出す順番は下側から半分、残りを上側と順序が決まっており、赤いラインの中で合せなくてはなりません。山という傾斜地では、傾いた状態で木を輪切りにする作業になりがちのため、チェンソーの角度を巧みに変えて、丸太を垂直に切る技術が試されます。

④接地丸太輪切り競技

　地面に設置している2本の丸太を上から垂直に30〜80mmの厚さに切り出します。丸太が設置面の表面とどこで接しているかわからないように、接地面の上は薄くおが屑で覆われています。接地面が目で見えないため、日頃チェンソーを使いこなし、その感覚を身につけているかが問われる競技です。

⑤枝払い競技

　6mの丸太に真っ直ぐ差し込まれた30本の枝をスピーディに払って（切り落として）いく難易度の高い競技です。どの選手も共通のパターンで枝払いを競います。枝払いの跡が5mm以上残ったり、丸太に深さ5mm以上または長さ35cm以上の傷がつくと減点の対象となり、急げば急ぐほどミスが多くなるため、枝を正確に払うことが重要になってきます。

　なお、世界大会であるWLCでは以上5種目に加え、団体競技の「リレー競技」（各国の選手がリレー形式で出走し、丸太を切り出す競技）が加わった6種目が行われます。

## 4．第1回 JLC

　第1回 JLC は、2014年の5月11日（日）から12日（月）にかけて、青森県青森市のモヤヒルズで開催され、延べ約1,500名が参加しました。

　出場した選手は20名（すべて男性）で、WLC のルールに基づいて5つの競技を行い、プロフェッショナルクラスの1位は前田智広さん、同2位は今井陽樹さん、同3位は秋田貢さん、ジュニアクラスの1位は先崎倫正さんという結果となりました。この4名は、同年9月にスイスで開催された第31回 WLC に、初の日本代表として出場しました。

## 第1回JLC出場選手

| ゼッケン | 氏名 | 都道府県 | 所属 |
|---|---|---|---|
| 1 | 加藤 一樹 | 石川 | 金沢森林組合 |
| 2 | 前沢 和秀 | 静岡 | (株)フジイチ |
| 3 | 川名 光一郎 | 佐賀 | (株)西部林業 |
| 4 | 上野 貴史 | 富山 | (株)島田木材 |
| 5 | 佐藤 昭宏 | 岩手 | (株)愛工大興岩手営業所 |
| 6 | 前田 智広 | 青森 | (有)前田林業 |
| 7 | 今井 陽樹 | 群馬 | 多野東部森林組合 |
| 8 | 下平 克秋 | 岩手 | (有)丸大県北農林 |
| 9 | 佐藤 博之 | 静岡 | 引佐町森林組合 |
| 10 | 松本 優雅 | 石川 | 松本林業 |
| 11 | 秋田 貢 | 青森 | 青森県森林組合連合会 |
| 12 | 工藤 健一 | 岩手 | 工藤正工業 |
| 13 | 會澤 慎一 | 岩手 | 奥州地方森林組合 |
| 14 | 武田 一吉 | 岩手 | 一関地方森林組合 |
| 15 | 片平 有信 | 静岡 | 片平報徳財団 |
| 16 | 坂口 学 | 佐賀 | 太良町森林組合 |
| 17 | 縣 毅史 | 埼玉 | ハスクバーナ・ゼノア(株) |
| 18 | 澤田 泰宜 | 富山 | (株)島田木材 |
| 19 | 気田 均 | 青森 | 八戸市森林組合 |
| 20 | 先﨑 倫正 | 青森 | (有)マル先先﨑林業 |

## 第1回JLC競技結果

| 表彰項目 | ゼッケン | 氏名 | 得点 |
|---|---|---|---|
| プロフェッショナルクラス1位 | 6 | 前田 智広 | 1,376 |
| プロフェッショナルクラス2位 | 7 | 今井 陽樹 | 1,325 |
| プロフェッショナルクラス3位 | 11 | 秋田 貢 | 1,206 |
| ジュニアクラス1位 | 20 | 先﨑 倫正 | 1,127 |
| 伐倒競技1位 | 7 | 今井 陽樹 | 612 |
| ソーチェン着脱競技1位 | 9 | 佐藤 博之 | 99 |
| 丸太合せ輪切り競技1位 | 6 | 前田 智広 | 155 |
| 設置丸太輪切り競技1位 | 17 | 縣 毅史 | 224 |
| 枝払い競技1位 | 6 | 前田 智広 | 362 |

## 5．第2回 JLC

　第2回 JLC は、2016年5月21日（土）及び22日（日）に、第1回 JLC と同じく青森市のモヤヒルズで開催され、延べ約1,640名が参加しました。

　出場した選手は31名と第1回を11名上回り、初めて女性選手も参加しました。出場選手は、北海道から熊本県までの13都道府県からモヤヒルズに集結し、全国規模の大会となってきました。

　2日間にわたって競技を行った結果、プロフェッショナルクラスの1位は第1回 JLC に続いて前田智広さん、同2位は工藤健一さん、同3位は第1回 JLC でジュニアクラス1位の先崎倫正さん、ジュニアクラスの1位は水出力さんとなりました。プロフェッショナルクラスの上位3名は、同年9月にポーランドで開催された第32回 WLC へ出場しました。（ジュニアクラスについては、総合得点を1,000点以上獲得することが WLC への出場条件であったため、今回は WLC ジュニアクラスに出場する選手は該当なしとなりました。）

　第32回 WLC では、日本チームの最上位がプロフェッショナルクラス個人総合で63位（81名中）となり、世界の壁の厚さを実感する結果となりました。

## 第2回JLC出場選手

| ゼッケン | 氏名 | 都道府県 | 所属 |
|---|---|---|---|
| 1 | 片岡 淳也 | 三重 | 大紀森林組合 |
| 2 | 西山 真 | 三重 | 大紀森林組合 |
| 3 | 萩原 武彦 | 長野 | 信州上小森林組合 |
| 4 | 本多 公栄 | 岩手 | 岩手中央森林組合 |
| 5 | 秋吉 一廣 | 熊本 | (有)秋吉林業 |
| 6 | 工藤 健一 | 岩手 | 工藤正工業 |
| 7 | 水出 健二 | 東京 | (株)木林土 |
| 8 | 飛田 京子 | 東京 | 東京大学農学生命科学研究科 |
| 9 | 福山 成宣 | 三重 | 大紀森林組合 |
| 10 | 上野 貴史 | 富山 | (株)島田木材 |
| 11 | 岩永 大輔 | 佐賀 | 太良町森林組合 |
| 12 | 保母 敏巳 | 長野 | 信州上小森林組合 |
| 13 | 佐藤 博之 | 静岡 | 引佐町森林組合 |
| 14 | 小松 雄治 | 北海道 | (有)真貝林工 |
| 15 | 西嶋 強 | 石川 | 石川県森林組合連合会 |
| 16 | 前田 智広 | 青森 | (有)前田林業 |
| 17 | 坂口 学 | 佐賀 | 太良町森林組合 |
| 18 | 戸田 守 | 石川 | 山創 |
| 19 | 水出 力 | 群馬 | (有)楢原愛林 |
| 20 | 下平 克秋 | 岩手 | (有)丸大県北農林 |
| 21 | 武田 一吉 | 岩手 | |
| 22 | 井上 大輔 | 東京 | (株)木林土 |
| 23 | 浅地 重嘉 | 石川 | 山創 |
| 24 | 先﨑 倫正 | 青森 | (有)マル先先﨑林業 |
| 25 | 鈴木 靖宏 | 千葉 | (株)北総フォレスト |
| 26 | 加藤 一樹 | 石川 | 金沢森林組合 |
| 27 | 今井 陽樹 | 群馬 | 多野東部森林組合 |
| 28 | 片平 有信 | 静岡 | 片平報徳財団 |
| 29 | 小林 裕司 | 石川 | 山創 |
| 30 | 塚本 耕司 | 鳥取 | 鳥取県東部森林組合 |
| 31 | 佐藤 昭宏 | 岩手 | (株)愛工大興 |

## 第2回JLC競技結果

| 表彰項目 | ゼッケン | 氏名 | 得点 |
|---|---|---|---|
| プロフェッショナルクラス1位 | 16 | 前田 智広 | 1,537 |
| プロフェッショナルクラス2位 | 6 | 工藤 健一 | 1,523 |
| プロフェッショナルクラス3位 | 24 | 先﨑 倫正 | 1,465 |
| ジュニアクラス1位 | 19 | 水出 力 | 995 |
| 伐倒競技1位 | 6 | 工藤 健一 | 640 |
| ソーチェン着脱競技1位 | 16 | 前田 智広 | 120 |
| 丸太合せ輪切り競技1位 | 31 | 佐藤 昭宏 | 185 |
| 接地丸太輪切り競技1位 | 16 | 前田 智広 | 226 |
| 枝払い競技1位 | 6 | 工藤 健一 | 428 |

## 6．JLCの今後

　JLCの注目度は年々上がっており、都道府県森林組合連合会等により、JLCルールに準じた競技大会が各地で開催されるようになっています。

　今後もJLCへの出場選手が増えるとともに、WLCで上位に輝く選手の育成が期待されています。

　なお、次回の第33回WLCは2018年にノルウェーで開催されることになっており、同年に第3回JLCの開催が予定されています。JLCに関する情報は、ホームページ（http://www.ringyou-goods.net/jlc/）で得られます。

**JLC 入賞者が語る**

# 伐木チャンピオンシップの魅力

注：ここに掲載したインタビューは、2016年に行ったものです。

**Profile**

先﨑　倫正
25歳／1991年生まれ
第1回JLCジュニアクラス優勝
（第31回WLC 2014スイス大会 出場）
所属●有限会社マル先先﨑林業（青森県弘前市）
現場技能者の経験年数●3年
・JLCの得意種目／伐倒
・愛用しているチェンソー／ハスクバーナ 576XP
・オフの時の過ごし方／チェンソーの練習、
　DVD鑑賞（意外とインドア派）

## 林業という仕事を広めたくてJLCに出場

**Q** 先﨑さんはJLC2014のジュニアクラスで優勝されましたが、そもそもJLCに出場しようと思ったきっかけは何だったのでしょう？

　まだ25歳の自分が言うのも変なのですが、若い人たちに林業を知ってもらい、この仕事に就いてもらいたいと思ったからです。そうでないと、林業界も自社も持続・発展していけませんので…。

　まだ若い自分がJLCに挑戦するところを見ていただくことで、同年代の人たちに何か刺激を与えられるのではと考えました。

　また、「緑の雇用」の研修生だった時の講師にWLCに参加された方がおられまして、その方から背中を押されたというのもあります。

## 第 5 章　伐木チャンピオンシップ

🅀 JLC の見どころは何ですか？

単なる技の競い合いではなく、一つ一つの競技がすべて現場の作業とつながっているという点です。日頃の現場における作業の的確性、効率性、安全性などが評価されているのだと思います。

あとは、現場ではなかなかしませんが、多くの選手が競技によって使用するチェンソーのバー（刃の長さ）などを変えています。よく見るとわかりますので、チェックすると面白いかもしれません。

🅀 JLC 出場に向けて練習などはされるのですか？

はい。普段の仕事の中でも意識はしますが、第 1 回大会では 2 〜 3 か月前になると青森県内の出場者同士でも練習していました。

## 競技採点の基礎にあるのは安全の確保

🅀 JLC に出場して新たに発見したことや学んだことはありましたか？

いろいろな発見がありましたが、チェンソーを使っている時は足が 1 cm でも動くと減点となります。それはチェンソー起動中に足を動かすことは危険ということを意味しています。普段の作業では意識していなかったので、そのことを学べたことは大きかったです。チーム青森の先輩に「日本刀を振り回しながら歩く剣術士はいない。振るときは足をきちんと止めているだろう。」と言われて、なるほどと思いました。あとは、競技ごとに減点のポイントがわかるので技術の改善に役立ちます。一つ一つの動作を確実に行うことの大切さを学びました。

🅀 JLC のジュニアクラスで優勝したことで何か反響はありましたか？

はい。青森県内で大会が行われたということもあり、テレビ等で広く取り上げてもらったので、業界や仕事のことを知っていただくきっかけになったと思います。

## 「緑の雇用」研修で学んだことを現場で実践する

**Q. そもそも林業界で仕事をするようになったきっかけは何だったのですか？**

私がいる「マル先先﨑林業」というのは私の祖父が創立したもので、私自身4人きょうだいの長男、しかも男は1人なので、自然に継ぐのかなと思っていました。大学では経営法学を学びましたが、卒業後は「緑の雇用」の研修生として3年間学びながら現場で働きました。

**Q. 「緑の雇用」の研修で学んだことが現場で活かされていますか？**

青森県の「緑の雇用」の講師は、WLCにも参加した現役の現場技能者です。現場での作業を強く意識した指導を行っているので、現場で使えるものになっています。特にチェンソーの使い方を学ぶ授業では、使い方や安全への配慮などを、理論と実技の両面から指導していただいたのでよくわかりました。実際の仕事（現場）の中ですとどうしても忙しいため、見て覚えろと

いう傾向になりがちですが、そこがやはり違いました。特に安全管理面に関することについてはプロの指導が必要だと思います。ただ、「緑の雇用」の研修は基本的なことを学ぶ場であり、それはそれで大切ですが、それを現場で意識して活かす（実践する）ことをしなければ身にならないので、そこは強く意識していました。

## 当たり前のことをきちんとやってこそ安全は担保される

**Q. 普段行っている安全対策を教えてください。**

チェンソーは個人持ちなので、メンテナンスは自分で定期的に行っています。防護服については、会社からもゼロ災害を強く指導されているので必ず着用しています。また、現場での作業前のミーティングは毎日行っています。作業後のリスクアセスメントも、研修で使用した資料（リスクアセスメント報告書）を使って個人でも、また「緑の雇用」の研修生にも指導するかたちで定期的に行っています。体調管理も重要です。体調の悪い時に現場に出ると他の人にも迷惑をかけてしまう恐れがありますし、それこそ労災につながる危険があるので無理はしないようにしています。その他にもいろいろありますが、安全対策については、当たり前のこと

を的確にきちんと行うことが最も大切だと思っていますので、そこは徹底するよう心がけています。おかげ様で、今日まで怪我といえるような怪我は一度もしていません。

**Q** それでも、現場で危険を感じたことはあるのではないですか？

あります。まずは急傾斜地での伐倒作業。やはり、足場の安定性に欠けますので。あとは、現場で集中していますと、いつの間にか他の人と上下接近作業になっていたこともあります。偏心木の伐倒の時などは、木が思いもよらぬ方向に裂けたりしましたので怖かったです。かかり木処理作業でもヒヤッとしたことがありました。これも、当たり前のことを的確にきちんと行うことが大切なのだと思います。

## チェンソーマンが将来の森林を創る

**Q** チェンソーマンの面白み、やりがいは何ですか？

単純に伐倒することの面白さはもちろんありますが、伐倒する木を選ぶことから任されていますので、将来のための森林づくりを自分がしているということにやりがいを感じています。

**Q** チェンソーマンを目指す人へのメッセージがあればお願いします。

自分がつくった山を自分がもういない次の世代の人たちに残せるということ、こんな壮大な仕事は他にはないのではと思います。大変なこともありますが、自分の考えと技術でそれができる仕事ですので、是非とも挑戦していただけたらと思います。

## 競技も仕事も常に向上心をもって取り組む

**Q** 先﨑さんは、2014年にスイスで行われたWLCにジュニアクラスの日本代表として参加されましたが、どのような印象を持たれていますか？

　世界レベルとの差は感じましたし、もう少し早くこの競技に取り組んでおけばよかったとも思いました。正直、海外勢と何が違うのか、どこに違いがあるかはわかりません。それも自分で考えながら、経験を積み重ねて見つけていきたいと思っています。

**Q** 今年（2016年）もWLCの国内予選大会であるJLCに参加されますが、抱負はありますか？

　今年はプロフェッショナルクラスに参戦しますので、どこまで自分の力が通用するのか挑戦したいと思います。まずは、3位以内に入って世界大会に出場することを目標にしています。また、自分はソーチェン着脱競技があまり得意ではないので練習したいと思います。

**Q** 最後に、林業の現場技能者としての自身の目標をお聞かせください。

　チェンソーの技術はもっと向上させたいと思っていますが、私が行っているのは林業ですので、高性能林業機械等についても幅広く上手に使えるようになり、仕事を任せたいと思ってもらえるような技能者になることが当面の目標です。最低でも10年は現場で修業したいと思っています。その後のことは、きちんとした技能者になってから考えたいと思います。

参考資料

# 1. 森林・林業関係データ集

## (1) 日本の森林面積

(単位：千ha)

| 区　分 | | | | 総　数 | 立木地 | | 無立木地 | 竹　林 |
|---|---|---|---|---|---|---|---|---|
| | | | | | 人工林 | 天然林 | | |
| 総　数 | | | | 25,081 | 10,289 | 13,429 | 1,201 | 161 |
| 国有林 | 総　数 | | | 7,674 | 2,327 | 4,717 | 629 | 0 |
| | 林野庁所管 | 総　数 | | 7,610 | 2,321 | 4,667 | 623 | 0 |
| | | 国有林 | | 7,509 | 2,240 | 4,664 | 604 | 0 |
| | | 官行造林 | | 93 | 81 | 2 | 9 | 0 |
| | | 対象外森林 | | 9 | 0 | 0 | 9 | 0 |
| | その他省庁所管 | | | 64 | 6 | 51 | 7 | 0 |
| 民有林 | 総　数 | | | 17,407 | 7,962 | 8,712 | 572 | 161 |
| | 公有林 | 総　数 | | 2,919 | 1,287 | 1,495 | 131 | 6 |
| | | 都道府県 | | 1,210 | 479 | 672 | 58 | 0 |
| | | 市町村・財産区 | | 1,709 | 808 | 823 | 73 | 5 |
| | 私有林 | | | 14,437 | 6,662 | 7,186 | 437 | 153 |
| | 対象外森林 | | | 51 | 14 | 30 | 4 | 3 |

注1：森林法第2条第1項に規定する森林の数値。
　2：「無立木地」は、伐採跡地、未立木地である。
　3：更新困難地は天然林に含む。
　4：対象外森林とは、森林法第5条に基づく地域森林計画及び同法第7条の2に基づく国有林の地域別の森林計画の対象となっている森林以外の森林をいう。
　5：平成24（2012）年3月31日現在の数値。
　6：計の不一致は四捨五入による。
資料：林野庁業務資料

## （2）都道府県別森林面積

(単位：千 ha)

| 都道府県 | 総数 | 人工林 | 天然林 | 無立木地 | 竹林 |
|---|---|---|---|---|---|
| 全国 | 25,081 | 10,289 | 13,429 | 1,201 | 161 |
| 北海道 | 5,543 | 1,494 | 3,729 | 319 | 0 |
| 青森 | 635 | 273 | 341 | 21 | 0 |
| 岩手 | 1,172 | 495 | 611 | 66 | 0 |
| 宮城 | 418 | 200 | 203 | 13 | 2 |
| 秋田 | 840 | 412 | 406 | 22 | 0 |
| 山形 | 669 | 186 | 438 | 44 | 0 |
| 福島 | 975 | 343 | 582 | 50 | 1 |
| 茨城 | 188 | 112 | 67 | 7 | 2 |
| 栃木 | 350 | 156 | 180 | 13 | 1 |
| 群馬 | 424 | 178 | 219 | 25 | 1 |
| 埼玉 | 121 | 60 | 60 | 1 | 0 |
| 千葉 | 159 | 61 | 75 | 17 | 6 |
| 東京 | 79 | 35 | 39 | 5 | 0 |
| 神奈川 | 95 | 36 | 54 | 4 | 1 |
| 新潟 | 857 | 163 | 563 | 129 | 2 |
| 富山 | 284 | 53 | 169 | 61 | 1 |
| 石川 | 286 | 102 | 165 | 17 | 2 |
| 福井 | 312 | 125 | 177 | 8 | 1 |
| 山梨 | 348 | 153 | 172 | 21 | 1 |
| 長野 | 1,070 | 445 | 557 | 66 | 2 |
| 岐阜 | 862 | 385 | 431 | 45 | 1 |
| 静岡 | 501 | 283 | 189 | 25 | 4 |
| 愛知 | 219 | 141 | 72 | 3 | 2 |
| 三重 | 373 | 230 | 133 | 7 | 2 |
| 滋賀 | 204 | 85 | 112 | 6 | 1 |
| 京都 | 343 | 131 | 201 | 5 | 6 |
| 大阪 | 58 | 28 | 26 | 2 | 2 |
| 兵庫 | 561 | 240 | 305 | 12 | 3 |
| 奈良 | 285 | 173 | 108 | 3 | 1 |
| 和歌山 | 363 | 219 | 139 | 4 | 1 |
| 鳥取 | 259 | 140 | 110 | 5 | 4 |
| 島根 | 526 | 206 | 298 | 10 | 11 |

| | | | | | |
|---|---:|---:|---:|---:|---:|
| 岡山 | 484 | 201 | 267 | 11 | 5 |
| 広島 | 612 | 201 | 397 | 12 | 2 |
| 山口 | 437 | 196 | 224 | 5 | 12 |
| 徳島 | 314 | 191 | 115 | 5 | 3 |
| 香川 | 88 | 23 | 58 | 3 | 3 |
| 愛媛 | 401 | 246 | 140 | 11 | 4 |
| 高知 | 597 | 390 | 196 | 7 | 5 |
| 福岡 | 222 | 142 | 59 | 8 | 13 |
| 佐賀 | 111 | 74 | 28 | 7 | 3 |
| 長崎 | 243 | 105 | 124 | 10 | 3 |
| 熊本 | 464 | 281 | 150 | 23 | 10 |
| 大分 | 453 | 237 | 176 | 27 | 14 |
| 宮崎 | 590 | 351 | 219 | 14 | 6 |
| 鹿児島 | 584 | 294 | 259 | 15 | 16 |
| 沖縄 | 105 | 12 | 86 | 6 | 0 |

注1:森林法第2条第1項に規定する森林の数値。
 2:「無立木地」は、伐採跡地、未立木地である。
 3:平成24(2012)年3月31日現在の数値。
 4:計の不一致は四捨五入による。
資料:林野庁業務資料

## （3）人工林の齢級別面積

(単位：千 ha)

| | 1齢級 | 2 | 3 | 4 | 5 | 6 | 7 | 8 | 9 | 10 |
|---|---|---|---|---|---|---|---|---|---|---|
| S60年<br>(1985) | 604 | 895 | 1,263 | 1,691 | 1,762 | 1,569 | 947 | 337 | 240 | 205 |
| H元<br>(89) | 436 | 700 | 943 | 1,351 | 1,691 | 1,746 | 1,413 | 777 | 270 | 224 |
| 6<br>(94) | 278 | 421 | 699 | 937 | 1,336 | 1,686 | 1,719 | 1,388 | 735 | 262 |
| 13<br>(2001) | 131 | 226 | 350 | 589 | 874 | 1,149 | 1,599 | 1,677 | 1,522 | 946 |
| 18<br>(06) | 88 | 168 | 227 | 352 | 593 | 873 | 1,143 | 1,582 | 1,649 | 1,500 |
| 23<br>(11) | 73 | 114 | 159 | 231 | 347 | 584 | 852 | 1,111 | 1,565 | 1,631 |

| | 11 | 12 | 13 | 14 | 15 | 16 | 17 | 18 | 19 |
|---|---|---|---|---|---|---|---|---|---|
| S60年<br>(1985) | 178 | 137 | 111 | 83 | 148 | | | | |
| H元<br>(89) | 183 | 151 | 118 | 93 | 79 | 52 | 62 | | |
| 6<br>(94) | 213 | 172 | 139 | 112 | 86 | 67 | 105 | | |
| 13<br>(2001) | 353 | 204 | 171 | 144 | 112 | 89 | 62 | 52 | 70 |
| 18<br>(06) | 918 | 345 | 200 | 168 | 141 | 106 | 90 | 62 | 120 |
| 23<br>(11) | 1,473 | 921 | 345 | 194 | 164 | 138 | 105 | 87 | 174 |

注1：数値は各年度末のものである。
 2：昭和60（1985）年は15齢級を、平成元（1989）年、6（1994）年は17齢級を、平成13（2001）年、18（2006）年、23（2011）年は19齢級を最大齢級としており、それ以上の齢級は最大齢級にまとめている。
 3：森林法第5条及び第7条の2に基づく森林計画対象森林の「立木地」の面積。
資料：林野庁業務資料

## （4）林業機械の普及台数

(単位：台)

| | | H17年度(05) | 22(10) | 23(11) | 24(12) | 25(13) | 26(14) |
|---|---|---|---|---|---|---|---|
| 高性能林業機械 | フェラーバンチャ | 25 | 85 | 101 | 113 | 123 | 143 |
| | ハーベスタ | 442 | 836 | 924 | 1,075 | 1,174 | 1,357 |
| | プロセッサ | 1,002 | 1,312 | 1,369 | 1,451 | 1,484 | 1,671 |
| | スキッダ | 163 | 141 | 142 | 148 | 142 | 131 |
| | フォワーダ | 722 | 1,213 | 1,349 | 1,513 | 1,724 | 1,957 |
| | タワーヤーダ | 174 | 148 | 149 | 143 | 149 | 144 |
| | スイングヤーダ | 340 | 708 | 752 | 810 | 851 | 950 |
| | その他の高性能林業機械 | 41 | 228 | 303 | 425 | 581 | 736 |
| | 小　計 | 2,909 | 4,671 | 5,089 | 5,678 | 6,228 | 7,089 |
| 在来型林業機械 | 大型集材機 | 6,009 | 5,042 | 4,939 | 4,820 | 4,613 | 4,241 |
| | 小型集材機 | 5,460 | 4,276 | 4,148 | 3,995 | 3,718 | 3,397 |
| | チェーンソー | 245,998 | 211,869 | 206,552 | 201,364 | 191,856 | 181,439 |
| | 刈払機 | 298,718 | 243,468 | 237,163 | 226,435 | 215,719 | 207,623 |
| | トラクタ | 2,630 | 2,039 | 1,876 | 1,906 | 1,719 | 1,630 |
| | 運材車 | 18,083 | 14,024 | 13,770 | 13,511 | 12,620 | 12,152 |
| | モノレール | 859 | 793 | 752 | 744 | 716 | 688 |
| | 動力枝打機 | 10,077 | 7,465 | 7,184 | 6,992 | 6,950 | 6,064 |
| | 自走式搬器 | 1,757 | 1,563 | 1,536 | 1,513 | 1,448 | 1,384 |

注：国有林野事業で所有する林業機械を除く。
資料：林野庁業務資料

■ 高性能林業機械を使用した作業システムの例

**車両系作業システム**
- 伐倒：チェーンソー
- 木寄せ：ウィンチ付きグラップル　木材を掴み荷役を行う
- 造材：プロセッサ　枝払、玉切、木材の集積を行う
- 集材：フォワーダ　玉切した木材を荷台に積んで運ぶ
- 運材：トラック

森林作業道　→　林業専用道　→　林道

**架線系作業システム**
- 伐倒：チェーンソー
- 集材：タワーヤーダ又はスイングヤーダ　簡便に架線集材するため人工支柱※を装備した自走可能な集材機
- 造材：プロセッサ　枝払、玉切、木材の集積を行う
- 運材：トラック

※スイングヤーダではベースマシンのアームを支柱とする

森林作業道　→　林業専用道　→　林道

資料：林野庁「森林・林業・木材産業の現状と課題」

## （5）丸太生産量

(単位：千m³、%)

| | | | H17年度<br>(05) | 22<br>(10) | 23<br>(11) | 24<br>(12) | 25<br>(13) | 26<br>(14) |
|---|---|---|---|---|---|---|---|---|
| | | 総　数 | 16,166 | 17,193 | 18,290 | 18,479 | 19,646 | 19,916 |
| 樹種別 | 針葉樹 | 計 | 13,695<br>(85) | 14,789<br>(86) | 15,986<br>(87) | 16,062<br>(87) | 17,246<br>(88) | 17,743<br>(89) |
| | | スギ | 7,756 | 9,049 | 9,649 | 9,956 | 10,902 | 11,194 |
| | | うち、製材用 | 6,737<br>〈58〉 | 6,695<br>〈63〉 | 7,089<br>〈62〉 | 7,295<br>〈64〉 | 7,825<br>〈65〉 | 7,872<br>〈64〉 |
| | | ヒノキ | 2,014 | 2,029 | 2,169 | 2,165 | 2,300 | 2,395 |
| | | アカマツ・クロマツ | 783 | 689 | 580 | 661 | 624 | 674 |
| | | カラマツ・エゾマツ・トドマツ | 2,910 | 2,821 | 3,373 | 3,098 | 3,275 | 3,327 |
| | | その他 | 232 | 201 | 215 | 182 | 145 | 153 |
| | 広葉樹 | | 2,471<br>(15) | 2,404<br>(14) | 2,304<br>(13) | 2,417<br>(13) | 2,400<br>(12) | 2,173<br>(11) |
| 用途別 | 製　材 | | 11,571<br>(72) | 10,582<br>(62) | 11,492<br>(63) | 11,321<br>(61) | 12,058<br>(61) | 12,211<br>(61) |
| | 合　板 | | 863<br>(5) | 2,490<br>(14) | 2,524<br>(14) | 2,602<br>(14) | 3,016<br>(15) | 3,191<br>(16) |
| | 木材チップ | | 3,732<br>(23) | 4,121<br>(24) | 4,274<br>(23) | 4,556<br>(25) | 4,572<br>(23) | 4,514<br>(23) |

注１：（　）は総数に対する割合。
　２：〈　〉は製材用に対する割合。
　３：生産量には、林地残材は含まれていない。
　４：総数は製材用、合板用、木材チップ用の計である。
　５：計の不一致は四捨五入による。
資料：農林水産省「木材需給報告書」

■ 組織形態別の素材（丸太）生産量

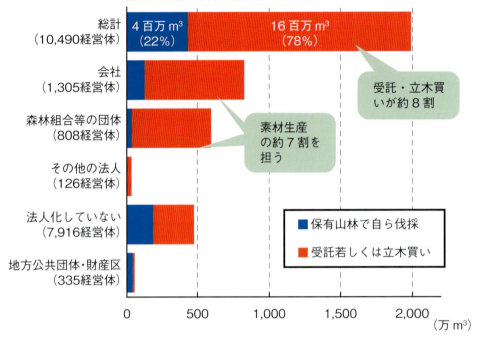

資料：農林水産省「2015年農林業センサス」
注1：会社とは、株式会社、合名・合資会社、合同会社などをいう。
注2：その他の法人とは、一般社団法人、宗教法人などをいう。

## （6）木材価格

(単位：円／㎥)

| 年・月 | 国産材 | | | 米材 |
|---|---|---|---|---|
| | スギ中丸太 径 14～22cm 長 3.65～4.0m | ヒノキ中丸太 径 14～22cm 長 3.65～4.0m | カラマツ中丸太 径 14～28cm 長 3.65～4.0m | ベイツガ丸太 径 30cm 上 長 6.0m 上 |
| H22（2010） | 11,800 | 21,600 | 10,600 | 24,200 |
| 23（11） | 12,300 | 21,700 | 10,800 | 24,400 |
| 24（12） | 11,400 | 18,700 | 10,700 | 24,000 |
| 25（13） | 11,500 | 19,700 | 10,700 | 23,000 |
| 26（14） | 13,500 | 20,000 | 11,700 | 25,100 |
| 27（15） | 12,700 | 17,600 | 11,700 | 24,800 |

注1：価格は、各工場における工場着購入価格。
　2：平成22（2010）年の推定消費量による加重平均値である。
　3：平成25（2013）年の調査対象等の見直しにより、それまでのデータと必ずしも連続していない。
資料：農林水産省「木材価格」

## （7）林業従事者数の推移

(単位：人)

|  | S55<br>(1980) | 60<br>(85) | H2<br>(90) | 7<br>(95) | 12<br>(2000) | 17<br>(05) | 22<br>(10) |
|---|---|---|---|---|---|---|---|
| 総数 | 146,321 | 126,343 | 100,497 | 81,564 | 67,558 | 52,173 | 51,200 |
| 男 | 122,208 | 107,192 | 86,243 | 71,096 | 59,552 | 47,685 | 48,180 |
| 女 | 24,114 | 19,151 | 14,254 | 10,468 | 8,006 | 4,488 | 3,020 |
| 65歳以上の数 | 12,419 | 12,638 | 13,777 | 18,936 | 20,024 | 14,026 | 10,680 |
| 高齢化率 | 8% | 10% | 14% | 23% | 30% | 27% | 21% |
| 35歳未満の数 | 14,397 | 10,548 | 6,339 | 5,892 | 6,913 | 7,119 | 9,170 |
| 若年者率 | 10% | 8% | 6% | 7% | 10% | 14% | 18% |

注１：高齢化率とは、65歳以上の従事者の割合。
　２：若年者率とは、35歳未満の若年者の割合。
資料：総務省「国勢調査」

## （8）現場技能者として林業へ新規就業した者の推移

(単位：人)

|  | 新規就業者総数 | 緑の雇用 | 緑の雇用以外 |
|---|---|---|---|
| H12 | 2,314 |  | 2,314 |
| 13 | 2,290 |  | 2,290 |
| 14 | 2,211 |  | 2,211 |
| 15 | 4,334 | 2,268 | 2,066 |
| 16 | 3,513 | 1,815 | 1,698 |
| 17 | 2,843 | 1,231 | 1,612 |
| 18 | 2,421 | 832 | 1,589 |
| 19 | 3,053 | 1,057 | 1,996 |
| 20 | 3,333 | 1,150 | 2,183 |
| 21 | 3,941 | 1,549 | 2,392 |
| 22 | 4,014 | 1,598 | 2,416 |
| 23 | 3,181 | 1,102 | 2,079 |
| 24 | 3,190 | 928 | 2,262 |
| 25 | 2,827 | 834 | 1,993 |
| 26 | 3,033 | 894 | 2,139 |

注：「緑の雇用」は、「緑の雇用」事業による１年目の研修を修了した者を集計した値。
資料：林野庁ホームページ「林業労働力の動向」

## （9）森林組合の雇用労働者数の年間就業日数別割合の推移

(単位：％)

|  | S60<br>(1985) | H2<br>(90) | 7<br>(95) | 12<br>(2000) | 17<br>(05) | 22<br>(10) | 23<br>(11) | 24<br>(12) | 25<br>(13) |
|---|---|---|---|---|---|---|---|---|---|
| 60日未満 | 61 | 61 | 57 | 48 | 39 | 23 | 21 | 19 | 18 |
| 60日～149日 | 18 | 16 | 16 | 17 | 16 | 18 | 19 | 16 | 15 |
| 150日～209日 | 11 | 11 | 12 | 14 | 16 | 16 | 16 | 16 | 15 |
| 210日以上 | 9 | 12 | 16 | 21 | 30 | 43 | 44 | 49 | 52 |

注：計の不一致は四捨五入による。
資料：林野庁「森林組合統計」

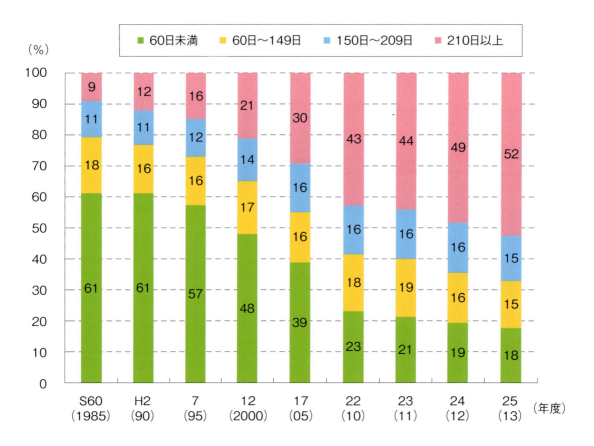

## (10) 森林組合の雇用労働者の賃金支払形態割合の推移

(単位:%)

|   | 計 | 月給制 | 日給制又は出来高制 | その他 |
|---|---|---|---|---|
| H25<br>(2013) | 100 | 18 | 80 | 2 |
| S60<br>(1985) | 100 | 4 | 96 | 1 |

注1:「月給制」には、月給・出来高併用を、「日給制又は出来高制」には、日給・出来高併用を含む。
 2:昭和60(1985)年度は作業班の数値、平成25(2013)年度は雇用労働者の数値である。
 3:計の不一致は四捨五入による。
資料:林野庁「森林組合統計」

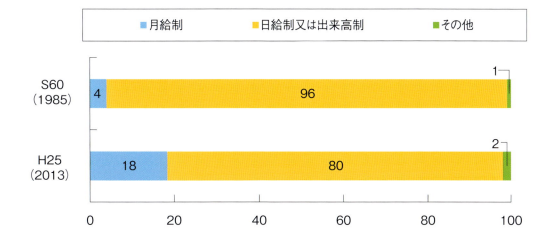

## (11）標準的賃金（日額）水準別の森林組合数の割合

| 区分 | 7,000円未満 | 7,000～8,999円 | 9,000～10,999円 | 11,000～12,999円 | 13,000～14,999円 | 15,000円以上 | 合計 |
|---|---|---|---|---|---|---|---|
| 伐出 | 1% | 8% | 23% | 25% | 19% | 24% | 100% |
| 造林 | 1% | 12% | 27% | 29% | 17% | 14% | 100% |

注：計の不一致は四捨五入による。
資料：林野庁「森林組合統計」

## （12）林業における労働災害発生の推移

(単位：人)

|  | 死亡災害 | 死傷災害 |
|---|---|---|
| H16 | 46 | 2,696 |
| 17 | 47 | 2,365 |
| 18 | 57 | 2,190 |
| 19 | 50 | 2,300 |
| 20 | 43 | 2,257 |
| 21 | 43 | 2,306 |
| 22 | 59 | 2,363 |
| 23 | 38 | 2,219 |
| 24 | 37 | 1,897 |
| 25 | 39 | 1,723 |
| 26 | 42 | 1,611 |

資料：厚生労働省「労働者死傷病報告」、「死亡災害報告」

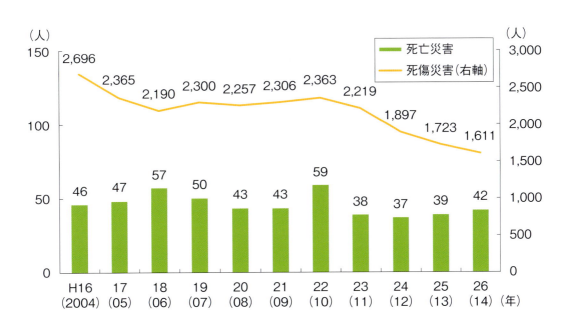

## （13）林業における死亡災害の発生状況（平成24～26年合計）

（単位：人）

<table>
<tr><th colspan="2"></th><th>H24</th><th>H25</th><th>H26</th><th>3年間合計</th><th>割合</th></tr>
<tr><td rowspan="6">年齢別</td><td>60歳以上</td><td>29</td><td>20</td><td>17</td><td>66</td><td>56%</td></tr>
<tr><td>50～59歳</td><td>7</td><td>12</td><td>10</td><td>29</td><td>25%</td></tr>
<tr><td>40～49歳</td><td></td><td>3</td><td>4</td><td>7</td><td>6%</td></tr>
<tr><td>30～39歳</td><td>1</td><td>3</td><td>7</td><td>11</td><td>9%</td></tr>
<tr><td>30歳未満</td><td></td><td>1</td><td>4</td><td>5</td><td>4%</td></tr>
<tr><td>計</td><td>37</td><td>39</td><td>42</td><td>118</td><td>100%</td></tr>
<tr><td rowspan="6">作業別</td><td>伐木作業中</td><td>21</td><td>19</td><td>32</td><td>72</td><td>61%</td></tr>
<tr><td>造材作業中</td><td>3</td><td>1</td><td></td><td>4</td><td>3%</td></tr>
<tr><td>集材作業中</td><td>6</td><td>6</td><td>8</td><td>20</td><td>17%</td></tr>
<tr><td>造林作業中</td><td>3</td><td>4</td><td></td><td>7</td><td>6%</td></tr>
<tr><td>その他</td><td>4</td><td>9</td><td>2</td><td>15</td><td>13%</td></tr>
<tr><td>計</td><td>37</td><td>39</td><td>42</td><td>118</td><td>100%</td></tr>
</table>

資料：林野庁業務資料

【年齢別】

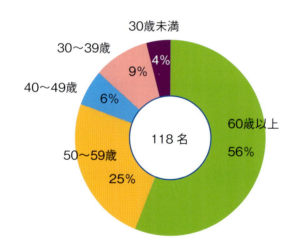

【作業別】

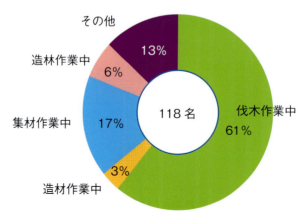

## 2．林業労働安全関係資料

### （1）イラストで見る林業労働安全

#### 1．正しい服装と保護具の着用

　安全作業の基本は、服装及び保護具を正しく着用することにある。作業用衣服は、袖締まり・裾締まりのよい長袖・長ズボンを着用し、チェンソー使用時には、チェンソー作業用の防護衣（防護ズボン、防振手袋等）、保護眼鏡（または保護網）、耳栓等を装着する。

## 2．安全作業の基本①－作業前の打ち合わせ

　作業現場において、作業前のミーティングを行い、作業手順の指示や作業の危険性を指摘する。

## 3．安全作業の基本②－合図の励行

　伐倒作業等の際には、呼子等を使用して定められた合図を行う。

## 4．安全作業の基本③－近接作業の禁止

伐倒作業等の際には、危険区域内に立ち入らない。

## 5．安全作業の基本④－上下作業の禁止

伐倒木等が滑り落ちたりする危険があるため、同一斜面で上下にならないようにする。

## 6．かかり木処理での禁止事項

　かかり木の処理は非常に危険なため、かかり木が発生した際は、細心の注意を払い、かかり木の直径やかかり具合をよく観察して、道具を使用するなど安全な作業方法により処理する。

禁止事項1　かかられている木の伐倒

禁止事項2　浴びせ倒し

禁止事項3　かかっている木の元玉伐り

禁止事項4　かかっている木を肩に担ぐ

禁止事項5　かかられている木の枝切り

禁止事項6　かかり木の放置

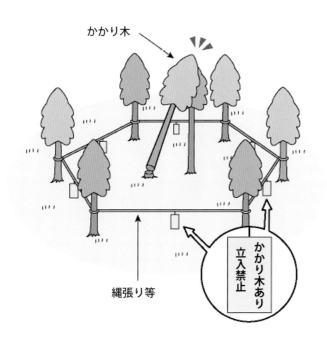

## （2）林業において必要となる主な安全講習等

| | 名称 | 必要となる業務 |
|---|---|---|
| 1 | 伐木等の業務に係る特別教育 | チェンソーを使用した立木伐採、造材作業等の従事 |
| 2 | 刈払機取扱作業者安全衛生教育 | 刈払機を使用した山林での下草刈り作業の従事 |
| 3 | 伐木等機械の運転の業務に係る特別教育 | ハーベスタ、プロセッサ、グラップル等の機械を使用した立木の伐採、造材、集積作業の従事 |
| 4 | 走行集材機械の運転の業務に係る特別教育 | フォワーダ、集材車等の機械を使用した木材の積載・運搬作業の従事 |
| 5 | 機械集材装置の運転業務に係る特別教育 | 集材機等を使用した原木の運搬業務の従事 |
| 6 | 簡易架線集材装置等の運転業務に係る特別教育 | タワーヤーダ、スイングヤーダ等の機械を使用した原木の運搬作業の従事 |
| 7 | 車両系建設機械（整地・運搬等）運転技能講習 | 車両系建設機械（バックホウ等）を用いた作業道等の開設作業の従事 |
| 8 | 不整地運搬車運転技能講習 | 不整地運搬車を使用した作業道等の開設作業に伴う土砂運搬及び資材運搬作業の従事 |
| 9 | 荷役運搬機械等によるはい作業従事者安全教育 | フォークリフト、移動式クレーン等の荷役運搬機械等によるはい作業の従事 |
| 10 | クレーン取扱業務等特別教育 | ケーブルクレーン等を使用した資材運搬業務の従事 |
| 11 | 小型移動式クレーン運転技能講習 | 吊り上げ荷重5t未満の移動式クレーン（クレーン付きトラック等）を使用した木材等の積み込み作業の従事 |
| 12 | 玉掛け技能講習 | クレーン等を使用した吊り具を用いて行う木材等の荷掛け及び荷外し作業を行う業務の従事 |
| 13 | フォークリフト運転技能講習 | フォークリフトを使用した木材・資材運搬作業の従事 |

# 3．森林・林業関係の主な法令・通知等

## （1）森林法（一部抜粋）

(昭和二六年六月二六日法律第二百四十九号)

最終改正：平成二八年五月二〇日法律第四七号

### 第一章　総則

（この法律の目的）

第一条　この法律は、森林計画、保安林その他の森林に関する基本的事項を定めて、森林の保続培養と森林生産力の増進とを図り、もつて国土の保全と国民経済の発展とに資することを目的とする。

（定義）

第二条　この法律において「森林」とは、左に掲げるものをいう。但し、主として農地又は住宅地若しくはこれに準ずる土地として使用される土地及びこれらの上にある立木竹を除く。
　一　木竹が集団して生育している土地及びその土地の上にある立木竹
　二　前号の土地の外、木竹の集団的な生育に供される土地
2　この法律において「森林所有者」とは、権原に基き森林の土地の上に木竹を所有し、及び育成することができる者をいう。
3　この法律において「国有林」とは、国が森林所有者である森林及び国有林野の管理経営に関する法律（昭和二十六年法律第二百四十六号）第十条第一号に規定する分収林である森林をいい、「民有林」とは、国有林以外の森林をいう。

### 第二章　森林計画等［略］

### 第二章の二　営林の助長及び監督等

（伐採及び伐採後の造林の届出等）

第十条の八　森林所有者等は、地域森林計画の対象となつている民有林（第二十五条又は第二十五条の二の規定により指定された保安林及び第四十一条の規定により指定された保安施設地区の区域内の森林を除く。）の立木を伐採するには、農林水産省令で定めるところにより、あらかじめ、市町村の長に森林の所在場所、伐採面積、伐採方法、伐採齢、伐採後の造林の方法、期間及び樹種その他農林水産省令で定める事項を記載した伐採及び伐採後の造林の届出書を提出しなければならない。［以下略］
2　森林所有者等は、農林水産省令で定めるところにより、前項の規定により提出された届出書に記載された伐採及び伐採後の造林に係る森林の状況について、市町村の長に報告しなければならない。
3　［略］

### 第三章　保安施設

（保安林における制限）

第三十四条　保安林においては、政令で定めるところにより、都道府県知事の許可を受けなければ、立木を伐

採してはならない。［以下略］

第四章　土地の使用　［略］

第五章　都道府県森林審議会　［略］

第六章　削除

第七章　雑則　［略］

第八章　罰則　［略］

附則　［略］

## (2) 森林・林業基本法（一部抜粋）

（昭和三九年七月九日法律第一六一号）

最終改正：平成二〇年五月二三日法律第三八号

**第一章　総則**

（目的）

第一条　この法律は、森林及び林業に関する施策について、基本理念及びその実現を図るのに基本となる事項を定め、並びに国及び地方公共団体の責務等を明らかにすることにより、森林及び林業に関する施策を総合的かつ計画的に推進し、もつて国民生活の安定向上及び国民経済の健全な発展を図ることを目的とする。

（森林の有する多面的機能の発揮）

第二条　森林については、その有する国土の保全、水源のかん養、自然環境の保全、公衆の保健、地球温暖化の防止、林産物の供給等の多面にわたる機能（以下「森林の有する多面的機能」という。）が持続的に発揮されることが国民生活及び国民経済の安定に欠くことのできないものであることにかんがみ、将来にわたつて、その適正な整備及び保全が図られなければならない。

2　森林の適正な整備及び保全を図るに当たつては、山村において林業生産活動が継続的に行われることが重要であることにかんがみ、定住の促進等による山村の振興が図られるよう配慮されなければならない。

（林業の持続的かつ健全な発展）

第三条　林業については、森林の有する多面的機能の発揮に重要な役割を果たしていることにかんがみ、林業の担い手が確保されるとともに、その生産性の向上が促進され、望ましい林業構造が確立されることにより、その持続的かつ健全な発展が図られなければならない。

2　林業の持続的かつ健全な発展に当たつては、林産物の適切な供給及び利用の確保が重要であることにかんがみ、高度化し、かつ、多様化する国民の需要に即して林産物が供給されるとともに、森林及び林業に関する国民の理解を深めつつ、林産物の利用の促進が図られなければならない。

（国の責務）

第四条　国は、前二条に定める森林及び林業に関する施策についての基本理念（以下「基本理念」という。）にのつとり、森林及び林業に関する施策を総合的に策定し、及び実施する責務を有する。

（国有林野の管理及び経営の事業）

第五条　国は、基本理念にのつとり、国有林野の管理及び経営の事業について、国土の保全その他国有林野の有する公益的機能の維持増進を図るとともに、あわせて、林産物を持続的かつ計画的に供給し、及び国有林野の活用によりその所在する地域における産業の振興又は住民の福祉の向上に寄与することを旨として、その適切かつ効率的な運営を行うものとする。

（地方公共団体の責務）

第六条　地方公共団体は、基本理念にのつとり、森林及び林業に関し、国との適切な役割分担を踏まえて、その地方公共団体の区域の自然的経済的社会的諸条件に応じた施策を策定し、及び実施する責務を有する。

（財政上の措置等）
第七条　政府は、森林及び林業に関する施策を実施するため必要な法制上及び財政上の措置を講じなければならない。
2　政府は、森林及び林業に関する施策を講ずるに当たつては、必要な資金の融通の適正円滑化を図らなければならない。

（林業従事者等の努力の支援）
第八条　国及び地方公共団体は、森林及び林業に関する施策を講ずるに当たつては、林業従事者、森林及び林業に関する団体並びに木材産業その他の林産物の流通及び加工の事業（以下「木材産業等」という。）の事業者がする自主的な努力を支援することを旨とするものとする。

（森林所有者等の責務）
第九条　森林の所有者又は森林を使用収益する権原を有する者（以下「森林所有者等」という。）は、基本理念にのつとり、森林の有する多面的機能が確保されることを旨として、その森林の整備及び保全が図られるように努めなければならない。

### 第二章　森林・林業基本計画

第十一条　政府は、森林及び林業に関する施策の総合的かつ計画的な推進を図るため、森林・林業基本計画（以下「基本計画」という。）を定めなければならない。
2　基本計画は、次に掲げる事項について定めるものとする。
　一　森林及び林業に関する施策についての基本的な方針
　二　森林の有する多面的機能の発揮並びに林産物の供給及び利用に関する目標
　三　森林及び林業に関し、政府が総合的かつ計画的に講ずべき施策
　四　前三号に掲げるもののほか、森林及び林業に関する施策を総合的かつ計画的に推進するために必要な事項
3～8　［略］

### 第三章　森林の有する多面的機能の発揮に関する施策

（森林の整備の推進）
第十二条　国は、森林の適正な整備を推進するため、地域の特性に応じた造林、保有及び伐採の計画的な推進、これらの森林の施業を効率的に行うための林道の整備、優良種苗の確保その他必要な施策を講ずるものとする。
2　前項に定めるもののほか、国は森林所有者等による計画的かつ一体的な森林の施業の実施が特に重要であることにかんがみて、その実施に不可欠な森林の現況の調査その他の地域における活動を確保するための支援を行うものとする。

（山村地域における定住の促進）
第十五条　国は、森林の適正な整備及び保全を図るためには、森林所有者等が山村地域に生活することが重要であることにかんがみ、地域特産物の生産及び販売等を通じた産業の振興による就業機会の増大、生活環境の整備その他の山村地域における定住の促進に必要な施策を講ずるものとする。

## 第四章　林業の持続的かつ健全な発展に関する施策

（望ましい林業構造の確立）

第十九条　国は、効率的かつ安定的な林業経営を育成し、これらの林業経営が林業生産の相当部分を担う林業構造を確立するため、地域の特性に応じ、林業経営の規模の拡大、生産方式の合理化、経営管理の合理化、機械の導入その他林業経営基盤の強化の促進に必要な施策を講ずるものとする。

（人材の育成及び確保）

第二十条　国は、効率的かつ安定的な林業経営を担うべき人材の育成及び確保を図るため、教育、研究及び普及の事業の充実その他必要な施策を講ずるものとする。

（林業労働に関する施策）

第二十一条　国は、林業労働に従事する者の福祉の向上、育成及び確保を図るため、就業の促進、雇用の安定、労働条件の改善、社会保障の拡充、職業訓練の事業の充実その他必要な施策を講ずるものとする。

（林業生産組織の活動の促進）

第二十二条　国は、地域の林業における効率的な林業生産の確保に資するため、森林組合その他の委託を受けて森林の施業又は経営を行う組織等の活動の促進に必要な施策を講ずるものとする。

（林業災害による損失の補てん）

第二十三条　国は、災害によつて林業の再生産が阻害されることを防止するとともに、林業経営の安定を図るため、災害による損失の合理的な補てんその他必要な施策を講ずるものとする。

第五章　林産物の供給及び利用の確保に関する施策　［略］

第六章　行政機関及び団体　［略］

第七章　林政審議会　［略］

附　則　［略］

# （3）林業労働力の確保の促進に関する法律（一部抜粋）

（平成八年五月二十四日法律第四十五号）
最終改正：平成二四年六月二七日法律第四二号

## 第一章　総則

（目的）
第一条　この法律は、林業労働力の確保を促進するため、事業主が一体的に行う雇用管理の改善及び事業の合理化を促進するための措置並びに新たに林業に就業しようとする者の就業の円滑化のための措置を講じ、もって林業の健全な発展と林業労働者の雇用の安定に寄与することを目的とする。

（定義）
第二条　この法律において「林業労働者」とは、造林、保育、伐採その他の森林における施業（以下「森林施業」という。）に従事する労働者をいう。
2　この法律において「事業主」とは、林業労働者を雇用して森林施業を行う者であって、次の各号のいずれかに該当するものをいう。
　一　森林組合、森林組合連合会又はその他の森林所有者（森林法（昭和二十六年法律第二百四十九号）第二条第二項に規定する森林所有者をいう。）の組織する団体
　二　造林業、育林業又は素材生産業を営む者
　三　前号に掲げる者の組織する団体
　四　前三号に掲げる者のほか、これらの者に準ずる者として政令で定めるもの

## 第二章　基本方針及び基本計画

（基本方針）
第三条　農林水産大臣及び厚生労働大臣は、林業労働力の確保の促進に関する基本方針（以下「基本方針」という。）を定めなければならない。
2　基本方針においては、次に掲げる事項につき、次条第一項の基本計画の指針となるべきものを定めるものとする。
　一　林業における経営及び雇用の動向に関する事項
　二　林業労働力の確保の促進に関する基本的な方向
　三　事業主が一体的に行う雇用管理の改善及び事業の合理化を促進するための措置並びに新たに林業に就業しようとする者の就業の円滑化のための措置に関する事項
　四　その他林業労働力の確保の促進に関する重要事項
3　農林水産大臣及び厚生労働大臣は、情勢の推移により必要が生じたときは、基本方針を変更するものとする。
4　農林水産大臣及び厚生労働大臣は、基本方針を定め、又はこれを変更しようとするときは、あらかじめ、農林水産大臣にあっては林政審議会の意見を、厚生労働大臣にあっては労働政策審議会の意見をそれぞれ聴かなければならない。
5　農林水産大臣及び厚生労働大臣は、基本方針を定め、又はこれを変更したときは、遅滞なく、これを公表しなければならない。

（基本計画）

第四条　都道府県知事は、基本方針に即して、当該都道府県における林業労働力の確保の促進に関する基本計画（以下「基本計画」という。）を定めることができる。

2　基本計画においては、次に掲げる事項を定めるものとする。
　一　事業主が一体的に行う労働環境の改善その他の雇用管理の改善及び森林施業の機械化その他の事業の合理化を促進するための措置に関する事項
　二　新たに林業に就業しようとする者の林業技術の習得その他の就業の円滑化のための措置に関する事項

3　基本計画においては、前項各号に掲げる事項のほか、次に掲げる事項を定めるよう努めるものとする。
　一　林業における経営及び雇用の動向に関する事項
　二　林業労働力の確保の促進に関する方針
　三　その他林業労働力の確保の促進に関する事項

4　都道府県知事は、基本計画を定め、又はこれを変更しようとするときは、あらかじめ、第二項各号に掲げる事項に係る部分を農林水産大臣及び厚生労働大臣に報告しなければならない。

5　都道府県知事は、基本計画を定め、又はこれを変更したときは、遅滞なく、これを公表しなければならない。

## 第三章　事業主の改善措置

（計画の認定）

第五条　事業主は、単独で又は他の事業主若しくは第十一条第一項のセンターと共同して、労働環境の改善、募集方法の改善その他の雇用管理の改善及び森林施業の機械化その他の事業の合理化を一体的に図るために必要な措置（以下「改善措置」という。）についての計画を作成し、これを当該計画に係る事業所の所在地を管轄する都道府県知事に提出して、当該計画が適当である旨の認定を受けることができる。

2　前項の計画には、次に掲げる事項を記載しなければならない。
　一　改善措置の目標
　二　改善措置の内容
　三　改善措置の実施時期
　四　改善措置を実施するために必要な資金の額及びその調達方法
　五　第十一条第一項のセンターが第十三条第一項の規定により林業労働者の募集に従事しようとする場合にあっては、当該募集に係る労働条件その他の募集の内容

3　都道府県知事は、第一項の認定の申請があった場合において、その計画が次の各号のいずれにも適合するものであると認めるときは、その認定をするものとする。
　一　前項第一号から第三号までに掲げる事項が基本計画に照らして適切なものであること。
　二　前項第二号から第四号までに掲げる事項が同項第一号に掲げる目標を確実に達成するために適切なものであること。
　三　第十一条第一項のセンターが第十三条第一項の規定により林業労働者の募集に従事しようとする場合にあっては、前項第五号に掲げる事項が適切であり、かつ、林業労働者の利益に反しないものであること。
　四　その他政令で定める基準に適合するものであると認められること。

## 第四章　林業労働力確保支援センター

（指定等）

第十一条　都道府県知事は、事業主が一体的に行う雇用管理の改善及び事業の合理化並びに新たに林業に就業しようとする者の就業を支援することにより林業労働力の確保を図ることを目的とする一般社団法人又は一般財団法人であって、次条に規定する業務を適正かつ確実に行うことができると認められるものを、その申請により、都道府県ごとに一個に限り、林業労働力確保支援センター（以下「センター」という。）として指定することができる。
2～4　［略］

（業務）
第十二条　センターは、当該都道府県の区域内において、次に掲げる業務を行うものとする。
　一　認定事業主の委託を受けて、林業労働者の募集を行うこと。
　二　新たに林業に就業しようとする者に対し、その就業に必要な林業の技術又は経営方法を実地に習得するための研修その他の就業の準備に必要な資金であって政令で定めるものの貸付けを行うこと。
　三　認定事業主に対し、認定計画に従って新たに雇い入れる林業労働者に対する前号の資金の支給に必要な資金であって政令で定めるものの貸付けを行うこと。
　四　認定事業主に対し、森林施業の効率化又は森林施業における身体の負担の軽減に資する程度が著しく高く、かつ、事業主の事業の合理化に寄与する林業機械で農林水産大臣が定めるものの貸付けを行うこと。
　五　林業労働者に対する前号の林業機械の利用に関する技術の研修及び雇用管理者に対する研修を行うこと。
　六　林業労働力の確保の促進に関する情報の提供、相談その他の援助を行うこと。
　七　林業労働力の確保の促進に関する調査研究及び啓発活動を行うこと。
　八　前各号に掲げるもののほか、林業労働力の確保の促進を図るために必要な業務を行うこと。

### 第五章　雇用管理者等
（雇用管理者）
第三十条　事業主は、常時厚生労働省令で定める数以上の林業労働者を雇用する森林施業を行う事業所ごとに、厚生労働省令で定めるところにより、次に掲げる事項を管理させるため、雇用管理者を選任するように努めなければならない。
　一　林業労働者の募集、雇入れ及び配置に関する事項
　二　林業労働者の教育訓練に関する事項
　三　その他林業労働者の雇用管理に関する事項で厚生労働省令で定めるもの
2　事業主は、雇用管理者について、必要な研修を受けさせる等前項各号に掲げる事項を管理するための知識の習得及び向上を図るように努めなければならない。

（雇用に関する文書の交付）
第三十一条　事業主は、林業労働者を雇い入れたときは、速やかに、当該林業労働者に対して、当該事業主の氏名又は名称、その雇入れに係る事業所の名称及び所在地、雇用期間、従事すべき業務の内容その他厚生労働省令で定める事項を明らかにした文書を交付するように努めなければならない。

### 第六章　罰則　［略］
附則　［略］

## （4）労働安全衛生法（一部抜粋）

(昭和四七年六月八日法律第五七号)

最終改正：平成二七年五月七日法律第一七号

### 第一章　総則

（目的）

第一条　この法律は、労働基準法（昭和二十二年法律第四十九号）と相まつて、労働災害の防止のための危害防止基準の確立、責任体制の明確化及び自主的活動の促進の措置を講ずる等その防止に関する総合的計画的な対策を推進することにより職場における労働者の安全と健康を確保するとともに、快適な職場環境の形成を促進することを目的とする。

（定義）

第二条　この法律において、次の各号に掲げる用語の意義は、それぞれ当該各号に定めるところによる。
　一　労働災害　労働者の就業に係る建設物、設備、原材料、ガス、蒸気、粉じん等により、又は作業行動その他業務に起因して、労働者が負傷し、疾病にかかり、又は死亡することをいう。
　二　労働者　労働基準法第九条に規定する労働者（同居の親族のみを使用する事業又は事務所に使用される者及び家事使用人を除く。）をいう。
　三　事業者　事業を行う者で、労働者を使用するものをいう。
　三の二　化学物質　元素及び化合物をいう。
　四　作業環境測定　作業環境の実態をは握するため空気環境その他の作業環境について行うデザイン、サンプリング及び分析（解析を含む。）をいう。

（事業者等の責務）

第三条　事業者は、単にこの法律で定める労働災害の防止のための最低基準を守るだけでなく、快適な職場環境の実現と労働条件の改善を通じて職場における労働者の安全と健康を確保するようにしなければならない。また、事業者は、国が実施する労働災害の防止に関する施策に協力するようにしなければならない。
2　機械、器具その他の設備を設計し、製造し、若しくは輸入する者、原材料を製造し、若しくは輸入する者又は建設物を建設し、若しくは設計する者は、これらの物の設計、製造、輸入又は建設に際して、これらの物が使用されることによる労働災害の発生の防止に資するように努めなければならない。
3　建設工事の注文者等仕事を他人に請け負わせる者は、施工方法、工期等について、安全で衛生的な作業の遂行をそこなうおそれのある条件を附さないように配慮しなければならない。

第四条　労働者は、労働災害を防止するため必要な事項を守るほか、事業者その他の関係者が実施する労働災害の防止に関する措置に協力するように努めなければならない。

### 第二章　労働災害防止計画［略］

### 第三章　安全衛生管理体制

（作業主任者）

第十四条　事業者は、高圧室内作業その他の労働災害を防止するための管理を必要とする作業で、政令で定め

るものについては、都道府県労働局長の免許を受けた者又は都道府県労働局長の登録を受けた者が行う技能講習を修了した者のうちから、厚生労働省令で定めるところにより、当該作業の区分に応じて、作業主任者を選任し、その者に当該作業に従事する労働者の指揮その他の厚生労働省令で定める事項を行わせなければならない。

## 第四章　労働者の危険又は健康障害を防止するための措置
（事業者の講ずべき措置等）
第二十条　事業者は、次の危険を防止するため必要な措置を講じなければならない。
　一　機械、器具その他の設備（以下「機械等」という。）による危険
　二　爆発性の物、発火性の物、引火性の物等による危険
　三　電気、熱その他のエネルギーによる危険

第二十一条　事業者は、掘削、採石、荷役、伐木等の業務における作業方法から生ずる危険を防止するため必要な措置を講じなければならない。
2　事業者は、労働者が墜落するおそれのある場所、土砂等が崩壊するおそれのある場所等に係る危険を防止するため必要な措置を講じなければならない。

第二十二条　事業者は、次の健康障害を防止するため必要な措置を講じなければならない。
　一　[略]
　二　放射線、高温、低温、超音波、騒音、振動、異常気圧等による健康障害
　三・四　[略]

第二十四条　事業者は、労働者の作業行動から生ずる労働災害を防止するため必要な措置を講じなければならない。

第二十五条　事業者は、労働災害発生の急迫した危険があるときは、直ちに作業を中止し、労働者を作業場から退避させる等必要な措置を講じなければならない。

第二十五条の二　[略]

第二十六条　労働者は、事業者が第二十条から第二十五条まで及び前条第一項の規定に基づき講ずる措置に応じて、必要な事項を守らなければならない。

第二十七条　第二十条から第二十五条まで及び第二十五条の二第一項の規定により事業者が講ずべき措置及び前条の規定により労働者が守らなければならない事項は、厚生労働省令で定める。
2　[略]

（事業者の行うべき調査等）
第二十八条の二　事業者は、厚生労働省令で定めるところにより、建設物、設備、原材料、ガス、蒸気、粉じん等による、又は作業行動その他業務に起因する危険性又は有害性等（第五十七条第一項の政令で定める物

及び第五十七条の二第一項に規定する通知対象物による危険性又は有害性等を除く。）を調査し、その結果に基づいて、この法律又はこれに基づく命令の規定による措置を講ずるほか、労働者の危険又は健康障害を防止するため必要な措置を講ずるように努めなければならない。ただし、当該調査のうち、化学物質、化学物質を含有する製剤その他の物で労働者の危険又は健康障害を生ずるおそれのあるものに係るもの以外のものについては、製造業その他厚生労働省令で定める業種に属する事業者に限る。

2　厚生労働大臣は、前条第一項及び第三項に定めるもののほか、前項の措置に関して、その適切かつ有効な実施を図るため必要な指針を公表するものとする。

3　厚生労働大臣は、前項の指針に従い、事業者又はその団体に対し、必要な指導、援助等を行うことができる。

### 第五章　機械等並びに危険物及び有害物に関する規制
（譲渡等の制限等）

第四十二条　特定機械等以外の機械等で、別表第二に掲げるものその他危険若しくは有害な作業を必要とするもの、危険な場所において使用するもの又は危険若しくは健康障害を防止するため使用するもののうち、政令で定めるものは、厚生労働大臣が定める規格又は安全装置を具備しなければ、譲渡し、貸与し、又は設置してはならない。

別表第二（第四十二条関係）
　一～十四［略］
　十五　保護帽
　十六［略］

第四十三条　動力により駆動される機械等で、作動部分上の突起物又は動力伝導部分若しくは調速部分に厚生労働省令で定める防護のための措置が施されていないものは、譲渡し、貸与し、又は譲渡若しくは貸与の目的で展示してはならない。

### 第六章　労働者の就業に当たつての措置
（安全衛生教育）

第五十九条　事業者は、労働者を雇い入れたときは、当該労働者に対し、厚生労働省令で定めるところにより、その従事する業務に関する安全又は衛生のための教育を行なわなければならない。

2　前項の規定は、労働者の作業内容を変更したときについて準用する。

3　事業者は、危険又は有害な業務で、厚生労働省令で定めるものに労働者をつかせるときは、厚生労働省令で定めるところにより、当該業務に関する安全又は衛生のための特別の教育を行なわなければならない。

第六十条の二　事業者は、前二条に定めるもののほか、その事業場における安全衛生の水準の向上を図るため、危険又は有害な業務に現に就いている者に対し、その従事する業務に関する安全又は衛生のための教育を行うように努めなければならない。

2　厚生労働大臣は、前項の教育の適切かつ有効な実施を図るため必要な指針を公表するものとする。

3　厚生労働大臣は、前項の指針に従い、事業者又はその団体に対し、必要な指導等を行うことができる。

（就業制限）
第六十一条　事業者は、クレーンの運転その他の業務で、政令で定めるものについては、都道府県労働局長の当該業務に係る免許を受けた者又は都道府県労働局長の登録を受けた者が行う当該業務に係る技能講習を修了した者その他厚生労働省令で定める資格を有する者でなければ、当該業務に就かせてはならない。
2　前項の規定により当該業務につくことができる者以外の者は、当該業務を行なつてはならない。
3　第一項の規定により当該業務につくことができる者は、当該業務に従事するときは、これに係る免許証その他その資格を証する書面を携帯していなければならない。
4　職業能力開発促進法（昭和四十四年法律第六十四号）第二十四条第一項（同法第二十七条の二第二項において準用する場合を含む。）の認定に係る職業訓練を受ける労働者について必要がある場合においては、その必要の限度で、前三項の規定について、厚生労働省令で別段の定めをすることができる。

（中高年齢者等についての配慮）
第六十二条　事業者は、中高年齢者その他労働災害の防止上その就業に当たつて特に配慮を必要とする者については、これらの者の心身の条件に応じて適正な配置を行なうように努めなければならない。

（国の援助）
第六十三条　国は、事業者が行なう安全又は衛生のための教育の効果的実施を図るため、指導員の養成及び資質の向上のための措置、教育指導方法の整備及び普及、教育資料の提供その他必要な施策の充実に努めるものとする。

## 第七章　健康の保持増進のための措置
（健康診断）
第六十六条　事業者は、労働者に対し、厚生労働省令で定めるところにより、医師による健康診断を行わなければならない。
2～5　［略］

## 第七章の二　快適な職場環境の形成のための措置　［略］

## 第八章　免許等　［略］

## 第九章　事業場の安全又は衛生に関する改善措置等　［略］

## 第十章　監督等　［略］

## 第十一章　雑則　［略］

## 第十二章　罰則　［略］

附則　［略］

## （5）労働安全衛生法施行令（一部抜粋）

(昭和四七年八月一九日政令第三一八号)

最終改正：平成二八年一一月二日政令第三四三号

第六条　労働安全衛生法（以下「法」という）第十四条 の政令で定める作業は、次のとおりとする。
　一〜二 ［略］
　三　次のいずれかに該当する機械集材装置（集材機、架線、搬器、支柱及びこれらに附属する物により構成され、動力を用いて、原木又は薪炭材を巻き上げ、かつ、空中において運搬する設備をいう。）若しくは運材索道（架線、搬器、支柱及びこれらに附属する物により構成され、原木又は薪炭材を一定の区間空中において運搬する設備をいう。）の組立て、解体、変更若しくは修理の作業又はこれらの設備による集材若しくは運材の作業
　　イ　原動機の定格出力が七・五キロワットを超えるもの
　　ロ　支間の斜距離の合計が三百五十メートル以上のもの
　　ハ　最大使用荷重が二百キログラム以上のもの
　四〜十一 ［略］
　十二　高さが二メートル以上のはい（倉庫、上屋又は土場に積み重ねられた荷（小麦、大豆、鉱石等のばら物の荷を除く。）の集団をいう。）のはい付け又ははい崩しの作業（荷役機械の運転者のみによつて行われるものを除く。）
　十三〜二十三 ［略］

（厚生労働大臣が定める規格又は安全装置を具備すべき機械等）
第十三条
1・2 ［略］
3　法第四十二条 の政令で定める機械等は、次に掲げる機械等（本邦の地域内で使用されないことが明らかな場合を除く。）とする。
　一〜二十七 ［略］
　二十八　安全帯（墜落による危険を防止するためのものに限る。）
　二十九　チエーンソー（内燃機関を内蔵するものであつて、排気量が四十立方センチメートル以上のものに限る。）
　三十〜三十四 ［略］
4・5 ［略］

## （6）労働安全衛生規則（一部抜粋）

(昭和四七年九月三〇日労働省令第三二号)

最終改正：平成二八年一一月三〇日厚生労働省令第一七二号

（作業主任者の選任）

第十六条　労働安全衛生法（以下「法」という。）第十四条 の規定による作業主任者の選任は、別表第一の上欄に掲げる作業の区分に応じて、同表の中欄に掲げる資格を有する者のうちから行なうものとし、その作業主任者の名称は、同表の下欄に掲げるとおりとする。

2　［略］

別表第一（第十六条関係）

| 作業の区分 | 資格を有する者 | 名　　　称 |
|---|---|---|
| 法施行令（以下「令」という）第六条第三号の作業 | 林業架線作業主任者免許を受けた者 | 林業架線作業主任者 |
| 令第六条第十二号の作業 | はい作業主任者技能講習を修了した者 | はい作業主任者 |

（雇入れの教育）

第三十五条　事業者は、労働者を雇い入れ、又は労働者の作業内容を変更したときは、当該労働者に対し、遅滞なく、次の事項のうち当該労働者が従事する業務に関する安全又は衛生のため必要な事項について、教育を行なわなければならない。ただし、令第二条第三号 に掲げる業種の事業場の労働者については、第一号から第四号までの事項についての教育を省略することができる。

一　機械等、原材料等の危険性又は有害性及びこれらの取扱い方法に関すること。
二　安全装置、有害物抑制装置又は保護具の性能及びこれらの取扱い方法に関すること。
三　作業手順に関すること。
四　作業開始時の点検に関すること。
五　当該業務に関して発生するおそれのある疾病の原因及び予防に関すること。
六　整理、整頓及び清潔の保持に関すること。
七　事故時等における応急措置及び退避に関すること。
八　前各号に掲げるもののほか、当該業務に関する安全又は衛生のために必要な事項

2　事業者は、前項各号に掲げる事項の全部又は一部に関し十分な知識及び技能を有していると認められる労働者については、当該事項についての教育を省略することができる。

（特別教育を必要とする業務）

第三十六条　法第五十九条第三項 の厚生労働省令で定める危険又は有害な業務は、次のとおりとする。

　一～六　［略］
　六の二　伐木等機械（伐木、造材又は原木若しくは薪炭材の集積を行うための機械であつて、動力を用い、かつ、不特定の場所に自走できるものをいう。以下同じ。）の運転（道路上を走行させる運転を除く。）の業務

六の三　走行集材機械（車両の走行により集材を行うための機械であつて、動力を用い、かつ、不特定の場所に自走できるものをいう。以下同じ。）の運転（道路上を走行させる運転を除く。）の業務

七　機械集材装置（集材機、架線、搬器、支柱及びこれらに附属する物により構成され、動力を用いて、原木又は薪炭材（以下「原木等」という。）を巻き上げ、かつ、空中において運搬する設備をいう。以下同じ。）の運転の業務

七の二　簡易架線集材装置（集材機、架線、搬器、支柱及びこれらに附属する物により構成され、動力を用いて、原木等を巻き上げ、かつ、原木等の一部が地面に接した状態で運搬する設備をいう。以下同じ。）の運転又は架線集材機械（動力を用いて原木等を巻き上げることにより当該原木等を運搬するための機械であつて、動力を用い、かつ、不特定の場所に自走できるものをいう。以下同じ。）の運転（道路上を走行させる運転を除く。）の業務

八　胸高直径が七十センチメートル以上の立木の伐木、胸高直径が二十センチメートル以上で、かつ、重心が著しく偏している立木の伐木、つりきりその他特殊な方法による伐木又はかかり木でかかつている木の胸高直径が二十センチメートル以上であるものの処理の業務（第六号の二に掲げる業務を除く。）

八の二　チェーンソーを用いて行う立木の伐木、かかり木の処理又は造材の業務（前号に掲げる業務を除く。）

九～四十［略］

（特別教育の科目の省略）

第三十七条　事業者は、法第五十九条第三項の特別の教育（以下「特別教育」という。）の科目の全部又は一部について十分な知識及び技能を有していると認められる労働者については、当該科目についての特別教育を省略することができる。

（事故報告）

第九十六条　事業者は、次の場合は、遅滞なく、様式第二十二号による報告書を所轄労働基準監督署長に提出しなければならない。
　一　事業場又はその附属建設物内で、次の事故が発生したとき
　　イ　火災又は爆発の事故（次号の事故を除く。）
　　ロ　遠心機械、研削といしその他高速回転体の破裂の事故
　　ハ　機械集材装置、巻上げ機又は索道の鎖又は索の切断の事故
　　ニ　建設物、附属建設物又は機械集材装置、煙突、高架そう等の倒壊の事故
　二～十［略］
２［略］

（労働者死傷病報告）

第九十七条　事業者は、労働者が労働災害その他就業中又は事業場内若しくはその附属建設物内における負傷、窒息又は急性中毒により死亡し、又は休業したときは、遅滞なく、様式第二十三号による報告書を所轄労働基準監督署長に提出しなければならない。

２　前項の場合において、休業の日数が四日に満たないときは、事業者は、同項の規定にかかわらず、一月から三月まで、四月から六月まで、七月から九月まで及び十月から十二月までの期間における当該事実について、様式第二十四号による報告書をそれぞれの期間における最後の月の翌月末日までに、所轄労働基準監督

署長に提出しなければならない。

(伐木作業における危険の防止)
第四百七十七条　事業者は、伐木の作業(伐木等機械による作業を除く。第四百七十九条において同じ。)を行うときは、立木を伐倒しようとする労働者に、それぞれの立木について、次の事項を行わせなければならない。
　一　伐倒の際に退避する場所を、あらかじめ、選定すること。
　二　かん木、枝条、つる、浮石等で、伐倒の際その他作業中に危険を生ずるおそれのあるものを取り除くこと。
　三　伐倒しようとする立木の胸高直径が四十センチメートル以上であるときは、伐根直径の四分の一以上の深さの受け口をつくること。
2　立木を伐倒しようとする労働者は、前項各号に掲げる事項を行わなければならない。

(伐倒の合図)
第四百七十九条　事業者は、伐木の作業を行なうときは、伐倒について一定の合図を定め、当該作業に関係がある労働者に周知させなければならない。
2　事業者は、伐木の作業を行なう場合において、当該立木の伐倒の作業に従事する労働者以外の労働者(以下本条において「他の労働者」という。)に、伐倒により危険を生ずるおそれのあるときは、当該立木の伐倒の作業に従事する労働者に、あらかじめ、前項の合図を行なわせ、他の労働者が避難したことを確認させた後でなければ、伐倒させてはならない。
3　前項の伐倒の作業に従事する労働者は、同項の危険を生ずるおそれのあるときは、あらかじめ、合図を行ない、他の労働者が避難したことを確認した後でなければ、伐倒してはならない。

(造材作業における危険の防止)
第四百八十条　事業者は、造材の作業(伐木等機械による作業を除く。以下この条において同じ。)を行うときは、転落し、又は滑ることにより、当該作業に従事する労働者に危険を及ぼすおそれのある伐倒木、玉切材、枯損木等の木材について、当該作業に従事する労働者に、くい止め、歯止め等これらの木材が転落し、又は滑ることによる危険を防止するための措置を講じさせなければならない。
2　前項の作業に従事する労働者は、同項の措置を講じなければならない。

(立入禁止)
第四百八十一条　事業者は、造林、伐木、造材、木寄せ又は修羅による集材若しくは運材の作業(車両系木材伐出機械による作業を除く。以下この節において「造林等の作業」という。)を行つている場所の下方で、伐倒木、玉切材、枯損木等の木材が転落し、又は滑ることによる危険を生ずるおそれのあるところには、労働者を立ち入らせてはならない。

(悪天候時の作業禁止)
第四百八十三条　事業者は、強風、大雨、大雪等の悪天候のため、造林等の作業の実施について危険が予想されるときは、当該作業に労働者を従事させてはならない。

（保護帽の着用）

第四百八十四条　事業者は、造林等の作業を行なうときは、物体の飛来又は落下による労働者の危険を防止するため、当該作業に従事する労働者に保護帽を着用させなければならない。

2　前項の作業に従事する労働者は、同項の保護帽を着用しなければならない。


（救急用具）

第六百三十三条　事業者は、負傷者の手当に必要な救急用具及び材料を備え、その備付け場所及び使用方法を労働者に周知させなければならない。

2　事業者は、前項の救急用具及び材料を常時清潔に保たなければならない。


（救急用具の内容）

第六百三十四条　事業者は、前条第一項の救急用具及び材料として、少なくとも、次の品目を備えなければならない。

　一　ほう帯材料、ピンセット及び消毒薬
　二　高熱物体を取り扱う作業場その他火傷のおそれのある作業場については、火傷薬
　三　重傷者を生ずるおそれのある作業場については、止血帯、副木、担架等

## （7）労働安全衛生特別教育規程（一部抜粋）

（昭和四七年九月三〇日労働省告示第九二号）

最終改正：平成二七年八月五日厚生労働省告示第三四二号

（伐木等機械の運転の業務に係る特別教育）

第八条の二　労働安全衛生規則（以下「安衛則」という）第三十六条第六号の二に掲げる業務に係る特別教育は、学科教育及び実技教育により行うものとする。

2　前項の学科教育は、次の表の上欄に掲げる科目に応じ、それぞれ、同表の中欄に掲げる範囲について同表の下欄に掲げる時間以上行うものとする。

| 科目 | 範囲 | 時間 |
|---|---|---|
| 伐木等機械に関する知識 | 伐木等機械の種類及び用途 | 一時間 |
| 伐木等機械の走行及び作業に関する装置の構造及び取扱いの方法に関する知識 | 伐木等機械の原動機、動力伝達装置、走行装置、操縦装置、制動装置、作業装置、油圧装置、電気装置及び附属装置の構造及び取扱いの方法 | 一時間 |
| 伐木等機械の作業に関する知識 | 伐木等機械による一般的作業方法 | 二時間 |
| 伐木等機械の運転に必要な一般的事項に関する知識 | 伐木等機械の運転に必要な力学、電気に関する基礎知識 | 一時間 |
| 関係法令 | 法、令及び安衛則中の関係条項 | 一時間 |

3　第一項の実技教育は、次の表の上欄に掲げる科目に応じ、それぞれ、同表の中欄に掲げる範囲について同表の下欄に掲げる時間以上行うものとする。

| 科目 | 範囲 | 時間 |
|---|---|---|
| 伐木等機械の走行の操作 | 基本操作　定められたコースによる基本走行及び応用走行 | 二時間 |
| 伐木等機械の作業のための装置の操作 | 基本操作　定められた方法による伐木、造材及び原木の集積 | 四時間 |

（走行集材機械の運転の業務に係る特別教育）

第八条の三　安衛則第三十六条第六号の三に掲げる業務に係る特別教育は、学科教育及び実技教育により行うものとする。

2　前項の学科教育は、次の表の上欄に掲げる科目に応じ、それぞれ、同表の中欄に掲げる範囲について同表の下欄に掲げる時間以上行うものとする。

| 科目 | 範囲 | 時間 |
|---|---|---|
| 走行集材機械に関する知識 | 走行集材機械の種類及び用途 | 一時間 |
| 走行集材機械の走行及び作業に関する装置の構造及び取扱いの方法に関する知識 | 走行集材機械の原動機、動力伝達装置、走行装置、操縦装置、制動装置、作業装置、油圧装置、電気装置及び附属装置の構造及び取扱いの方法 | 一時間 |

| 科　目 | 範　囲 | 時　間 |
|---|---|---|
| 走行集材機械の作業に関する知識 | 走行集材機械による一般的作業方法 | 二時間 |
| 走行集材機械の運転に必要な一般的事項に関する知識 | 走行集材機械の運転に必要な力学、電気に関する基礎知識、ワイヤロープの種類及び取扱いの方法 | 一時間 |
| 関係法令 | 法、令及び安衛則中の関係条項 | 一時間 |

3　第一項の実技教育は、次の表の上欄に掲げる科目に応じ、それぞれ、同表の中欄に掲げる範囲について同表の下欄に掲げる時間以上行うものとする。

| 科　目 | 範　囲 | 時　間 |
|---|---|---|
| 走行集材機械の走行の操作 | 基本操作　定められたコースによる基本走行及び応用走行 | 三時間 |
| 走行集材機械の作業のための装置の操作 | 基本操作　定められた方法による原木の運搬 | 三時間 |

（簡易架線集材装置等の運転の業務に係る特別教育）

第九条の二　安衛則第三十六条第七号の二に掲げる業務に係る特別教育は、学科教育及び実技教育により行うものとする。

2　前項の学科教育は、次の表の上欄に掲げる科目に応じ、それぞれ、同表の中欄に掲げる範囲について同表の下欄に掲げる時間以上行うものとする。

| 科　目 | 範　囲 | 時　間 |
|---|---|---|
| 簡易架線集材装置の集材機及び架線集材機械に関する知識 | 簡易架線集材装置の集材機の種類及び用途、架線集材機械の種類及び用途 | 一時間 |
| 架線集材機械の走行及び作業に関する装置の構造及び取扱いの方法に関する知識 | 架線集材機械の原動機、動力伝達装置、走行装置、操縦装置、制動装置、作業装置、油圧装置、電気装置及び附属装置の構造及び取扱いの方法 | 一時間 |
| 簡易架線集材装置及び架線集材機械の作業に関する知識 | 簡易架線集材装置及び架線集材機械による集材の方法　簡易架線集材装置の索張りの方法 | 二時間 |
| 簡易架線集材装置及び架線集材機械の運転に必要な一般的事項に関する知識 | 簡易架線集材装置及び架線集材機械の運転に必要な力学　電気に関する基礎知識　ワイヤロープの種類　ワイヤロープの止め方及び継ぎ方の種類 | 一時間 |
| 関係法令 | 法、令及び安衛則中の関係条項 | 一時間 |

3　第一項の実技教育は、次の表の上欄に掲げる科目に応じ、それぞれ、同表の中欄に掲げる範囲について同表の下欄に掲げる時間以上行うものとする。

| 科　目 | 範　囲 | 時　間 |
|---|---|---|
| 架線集材機械の走行の操作 | 基本操作　定められたコースによる基本走行及び応用走行 | 一時間 |

| 簡易架線集材装置の集材機の運転及び架線集材機械の作業のための装置の操作 | 基本操作　定められた方法による原木の運搬 | 三時間 |
|---|---|---|
| ワイヤロープの取扱い | ワイヤロープの止め方、継ぎ方及び点検方法 | 四時間 |

（伐木等の業務に係る特別教育）

第十条　安衛則第三十六条第八号に掲げる業務に係る特別教育は、学科教育及び実施教育により行うものとする。

2　前項の学科教育は、次の表の上欄に掲げる科目に応じ、それぞれ、同表の中欄に掲げる範囲について同表の下欄に掲げる時間以上行うものとする。ただし、安衛則第三十六条第八号に掲げる業務に従事する者のうちチェーンソーを用いて当該業務に従事する者以外の者については、チェーンソーに関する知識及び振動障害及びその予防に関する知識の科目の教育は、行うことを要しないものとする。

| 科目 | 範囲 | 時間 |
|---|---|---|
| 伐木作業に関する知識 | 伐倒の方法、伐倒の合図、退避の方法、かかり木の種類及びその処理 | 三時間 |
| チェーンソーに関する知識 | チェーンソーの種類、構造及び取扱い方法、チェーンソーの点検及び整備の方法、ソーチェーンの目立ての方法 | 二時間 |
| 振動障害及びその予防に関する知識 | 振動障害の原因及び症状、振動障害の予防措置 | 二時間 |
| 関係法令 | 法、令及び安衛則中の関係条項 | 一時間 |

3　第一項の実技教育は、次の表の上欄に掲げる科目に応じ、それぞれ、同表の中欄に掲げる範囲について同表の下欄に掲げる時間以上行うものとする。ただし、前項ただし書に規定する者については、チェーンソーの操作及びチェーンソーの点検及び整備の科目の教育は、行うことを要しないものとする。

| 科目 | 範囲 | 時間 |
|---|---|---|
| 伐木の方法 | 大径木及び偏心木の伐木の方法、かかり木の処理方法 | 四時間 |
| チェーンソーの操作 | 基本操作、応用操作 | 二時間 |
| チェーンソーの点検及び整備 | チェーンソーの点検及び整備の方法、ソーチェーンの目立ての方法 | 二時間 |

第十条の二　安衛則第三十六条第八号の二に掲げる業務に係る特別教育は、学科教育及び実技教育により行うものとする。

2　前項の学科教育は、次の表の上欄に掲げる科目に応じ、それぞれ、同表の中欄に掲げる範囲について同表の下欄に掲げる時間以上行うものとする。

| 科目 | 範囲 | 時間 |
|---|---|---|
| 伐木作業に関する知識 | 伐倒の方法、伐倒の合図、退避の方法 | 二時間 |

| チェーンソーに関する知識 | チェーンソーの種類、構造及び取扱い方法、チェーンソーの点検及び整備の方法、ソーチェーンの目立ての方法 | 二時間 |
|---|---|---|
| 振動障害及びその予防に関する知識 | 振動障害の原因及び症状、振動障害の予防措置 | 二時間 |
| 関係法令 | 法、令及び安衛則中の関係条項 | 一時間 |

3　第一項の実技教育は、次の表の上欄に掲げる科目に応じ、それぞれ、同表の中欄に掲げる範囲について同表の下欄に掲げる時間以上行うものとする。

| 科　目 | 範　囲 | 時　間 |
|---|---|---|
| 伐木の方法 | 胸高直径が七十センチメートル未満の立木の伐木の方法、かかり木でかかつている木の胸高直径が二十センチメートル未満であるものの処理方法 | 二時間 |
| チェーンソーの操作 | 基本操作、応用操作 | 二時間 |
| チェーンソーの点検及び整備 | チェーンソーの点検及び整備の方法、ソーチェーンの目立ての方法 | 二時間 |

## （8）「緑の雇用」現場技能者育成推進事業実施要領

> 平成 23 年 4 月 1 日 22 林政経第 225 号
> 平成 24 年 4 月 6 日 23 林政経第 314 号
> 平成 24 年 11 月 30 日 24 林政経第 222 号
> 平成 25 年 2 月 26 日 24 林政経第 253 号
> 平成 25 年 5 月 16 日 25 林政経第 100 号
> 平成 26 年 2 月 7 日 25 林政経第 358 号
> 平成 26 年 4 月 1 日 25 林政経第 374 号
> 平成 27 年 2 月 3 日 26 林政経第 235 号
> 平成 27 年 4 月 9 日 26 林政経第 255 号
> 林野庁長官通知
> 【最終改正】
> 平成 28 年 4 月 1 日 27 林政経第 314 号

### 第 1 趣旨

　林業振興事業実施要綱（平成 17 年 3 月 23 日付け 16 林政経第 161 号農林水産事務次官依命通知。以下「実施要綱」という。）別表事業の種類の欄の 3 の項事業内容の欄の 1 に定める「緑の雇用」現場技能者育成推進事業については、実施要綱及び「緑の雇用」現場技能者育成推進事業費補助金交付要綱（平成 23 年 4 月 1 日付け 22 林政経第 224 号農林水産事務次官依命通知。以下「交付要綱」という。）に定めるもののほか、この通知によるものとする。

### 第 2 事業内容等

Ⅰ　新規就業者の確保・育成・キャリアアップ対策

　施業の集約化と路網の整備、高性能林業機械を活用した効率的な作業システムにより、利用期を迎えた人工林資源を有効活用し、国産材の安定供給につなげていくためには、専門的かつ高度な知識・技術・技能等を有し、間伐等の森林整備を効率的に行える現場技能者を確保・育成することが必要である。

　このため、新規就業者の確保・育成・キャリアアップ対策（以下「緑の雇用事業」という。）として、新規就業者の確保・育成と現場管理責任者等へのキャリアアップのための研修等を実施する。

1　事業実施主体

　緑の雇用事業の事業実施主体は、別に定める公募要領により公募の上、決定するものとする。

2　事業内容及び事業実施

（1）事業内容

　ア　研修生の募集のための就業ガイダンス等

　　林業就業希望者に対する林業就業に関する情報の提供並びに緑の雇用事業の研修を受ける者の円滑かつ公正な募集等を行うための就業相談会の開催及び広報活動を実施する。

　イ　トライアル雇用

（ア）事業内容

　　林業事業体による林業就業希望者の林業への適性・能力等の見極めや林業の作業実態や就労条件等に関する林業就業希望者の理解を得ることにより、林業就業に対する林業事業体と就業希望者の双方の不安を解消させるため、次の事業を実施する。

a　研修の実施

　　林業への就業希望者を3か月程度短期雇用し、林業に必要な作業を体験させるための実地研修（以下「トライアル雇用」という。）を実施する。

b　トライアル雇用実施計画書の作成

(a) 事業実施主体は、トライアル雇用を行い、助成を受けようとする林業事業体に対し、実地研修に関する実施計画書（以下「トライアル雇用実施計画書」という。）を作成させるものとする。

(b) トライアル雇用実施計画書には、次の事項を記載するものとする。

①　林業事業体の名称及び住所

②　林業労働力の確保の促進に関する法律（平成8年法律第45号。以下「労確法」という。）に基づく「労働環境の改善、募集方法の改善その他雇用管理の改善及び森林施業の機械化その他の事業の合理化を一体的に図るために必要な措置についての計画」（以下「改善計画」という。）の都道府県知事による認定番号

③　研修生の労働条件

④　研修の内容

⑤　研修生の氏名、性別、年齢、林業就業経験年数

⑥　実地研修予定地

⑦　研修生の指導体制

⑧　予定する助成額の見積もり

⑨　その他事業実施主体が必要と認める事項

c　トライアル雇用実施計画書の審査等

(a) トライアル雇用実施計画書の審査

　　事業実施主体は、トライアル雇用実施計画書の審査に当たって、審査基準を定めるものとし、その基準に従ってトライアル雇用実施計画書を審査するものとする。

(b) 審査結果の報告

　　事業実施主体は、トライアル雇用実施計画書の審査結果を林野庁長官に報告するものとする。

(c) 承認通知書の交付

　　事業実施主体は、審査の結果、適当と認めるトライアル雇用実施計画書を作成した林業事業体（以下「トライアル雇用助成事業体」という。）に対し、承認通知書を交付するものとする。

　　また、事業実施主体が、本承認通知書を交付する場合には、当該実施計画書に基づく研修に対し交付を予定する助成金の額及び助成金交付の条件を付すものとする。

(d) トライアル雇用実施計画書の変更

　　事業実施主体は、承認通知書を交付した林業事業体にトライアル雇用実施計画書に研修生数の増減、事業費の増加、その他事業実施主体が定める事項について変更が生じた場合には、当該実施計画書の変更を行わせるものとする。

(e) トライアル雇用の中止

　　　　事業実施主体は、トライアル雇用助成事業体がトライアル雇用による実地研修を中止する場合には、トライアル雇用中止届を提出させなければならない。
　（イ）資格等
　　　a　研修生の資格
　　　　トライアル雇用者は、別表1の研修生の要件の項のトライアル雇用の欄に掲げる要件をすべて満たす者とする。
　　　b　林業事業体の資格
　　　　トライアル雇用に係る助成を受ける林業事業体は、別表1の林業事業体の要件の項のトライアル雇用の欄に掲げる要件をすべて満たす林業事業体とする。
　（ウ）トライアル雇用に対する助成
　　　　事業実施主体は、トライアル雇用助成事業体がトライアル雇用実施計画書に基づき行ったトライアル雇用に対し、別表2の経費を助成するものとする。
　　　a　助成対象の実地研修
　　　　トライアル雇用の助成対象となる実地研修は、事業実施主体が別に定める資格・経験を有する者を指導員として選任し、林業に必要な作業をトライアル雇用実施計画書に基づいて実施するものとする。
　　　b　助成対象の作業種
　　　　実地研修の助成対象となる作業種は、事業実施主体が別に定める。
　　　c　研修場所
　　　　定めない。
　　　d　実地研修の助成期間
　　　　トライアル雇用の助成期間は、トライアル雇用者の雇用契約期間に応じたものとし、月額助成にあっては3か月、日額助成にあっては60日を上限とする。
　　　e　助成額の総額
　　　　林業事業体ごとの助成額の総額は、予算の範囲内において、事業実施主体が定めるものとする。
　　　f　研修内容等の記録等
　　　　事業実施主体は、トライアル雇用助成事業体に対し、研修生及び指導員の氏名、研修場所、作業内容、指導内容、トライアル雇用に要した経費の内容等を適正に記録させ、備え付けさせるものとする。
　（エ）トライアル雇用実績報告書の作成
　　　a　トライアル雇用実績報告書の提出
　　　　事業実施主体は、トライアル雇用助成事業体に実績報告書（以下「トライアル雇用実績報告書」という。）を提出させるものとする。
　　　b　トライアル雇用実績報告書の記載事項
　　　　トライアル雇用実績報告書の記載事項については、（ア）のbの（b）の規定を準用する。
　　　　この場合、「実地研修予定地」とあるのは「実地研修実施箇所」と、「予定する助成額の見積もり」とあるのは「助成を請求する金額」と読み替えるものとする。

ウ　新規就業者育成対策

（ア）事業内容

新たに雇用した林業就業者等（以下「新規就業者等」という。）に対し、安全かつ効率的な作業に必要な基本的な知識・技術・技能等を習得させるため、次の事業を実施する。

a　研修の実施

(a) 集合研修

事業実施主体は、緑の雇用事業において作成した集合研修カリキュラムのうち林業作業士（フォレストワーカー）研修カリキュラムを基本として、新規就業者等に基本的な知識・技術・技能等を習得させるための座学、実習及び実地研修への講師派遣等による研修を実施する。

(b) 実地研修

林業事業体は、新規就業者等に対し、知識・技術・技能等の習熟を図るため、各事業体における通常作業等を通じた研修を実施する。

(c) 研修の区分

① 林業作業士（フォレストワーカー）研修（1年目）

集合研修及び実地研修を新たに林業事業体に雇用された者等を対象として実施する。このほか、必要に応じて、年度後期にも研修を開始することができるものとする。

② 林業作業士（フォレストワーカー）研修（2年目）

集合研修及び実地研修を林業作業士（フォレストワーカー）研修（1年目）の修了者等を対象として実施する。

③ 林業作業士（フォレストワーカー）研修（3年目）

集合研修及び実地研修を林業作業士（フォレストワーカー）研修（2年目）の修了者等を対象として実施する。

④ 指導員能力向上研修

トライアル雇用及び林業作業士（フォレストワーカー）研修の実地研修の指導員となる者を対象として、その指導能力向上のための集合研修を実施する。

⑤ 集合研修指導者育成研修

林業作業士（フォレストワーカー）研修の集合研修の指導者（講師）となる者を対象として、その指導能力向上のための集合研修を実施する。

b　林業作業士（フォレストワーカー）研修実施計画書の作成

(a) 事業実施主体は、林業作業士（フォレストワーカー）研修の実地研修を行い助成を受けようとする林業事業体に対し、実地研修に関する実施計画書（以下「林業作業士（フォレストワーカー）研修実施計画書」という。）を作成させるものとする。

(b) 林業作業士（フォレストワーカー）研修実施計画書の事項は、イの（ア）のbの（b）の規定を準用する。

この場合、「トライアル雇用」とあるのは「林業作業士（フォレストワーカー）研修」と読み替えるものとする。

c　林業作業士（フォレストワーカー）研修実施計画書の審査等

林業作業士（フォレストワーカー）研修実施計画書の審査、審査結果の報告、承認通知書の交付、林業作業士（フォレストワーカー）研修実施計画書の変更及び林業作業士（フォレストワーカー）研修の中止については、イの（ア）のcの規定を準用するとともに、林業作業士（フォレストワーカー）研修実施計画書の審査については、林業事業体の多様な育成スタイルに配慮する

ものとする。

　　この場合、「トライアル雇用」とあるのは「林業作業士（フォレストワーカー）研修」と読み替えるものとする。
（イ）資格等
　a　研修生の資格
　　林業作業士（フォレストワーカー）研修生は、別表1の研修生の要件の項の林業作業士（フォレストワーカー）研修（1年目）の欄、林業作業士（フォレストワーカー）研修（2年目）の欄及び林業作業士（フォレストワーカー）研修（3年目）の欄にそれぞれ掲げる要件をすべて満たす者とする。
　b　林業作業士（フォレストワーカー）研修の林業事業体の資格
　　林業作業士（フォレストワーカー）研修に係る助成を受ける林業事業体は、林業事業体の要件の項の林業作業士（フォレストワーカー）研修（1年目）の欄、林業作業士（フォレストワーカー）研修（2年目）の欄及び林業作業士（フォレストワーカー）研修（3年目）の欄にそれぞれ掲げる要件をすべて満たす者とする。
（ウ）研修場所等
　　林業作業士（フォレストワーカー）研修の研修場所等は、次のとおりとする。
　a　集合研修
　　事業実施主体が指定する施設又は研修地において実施する。
　b　実地研修
（a）林業作業士（フォレストワーカー）研修（1年目）
　①　育成研修
　　国有林野、公有林野、財産区、旧慣使用林野、森林整備法人が所有する森林及び分収林、地方公共団体との協定等に基づき公的に保全・整備される森林やその他これらの森林と一体的に施業が行われる私有林等の森林において、作業の対価等収益が見込まれない場合に実施するものとする。
　　ただし、森林所有者等の協定等により育成研修のための事業地であることが確認できるものに限る。
　②　実践研修
　　定めない。
（b）林業作業士（フォレストワーカー）研修（2年目）
　　定めない。
（c）林業作業士（フォレストワーカー）研修（3年目）
　　定めない。
（エ）実地研修に対する助成
　　事業実施主体は、林業作業士（フォレストワーカー）研修の実地研修に対する助成及び実績報告の作成については、イの（ウ）及び（エ）の規定を準用する（ただし、イのdの実地研修の助成期間の規定を除く。）。
　　この場合、「トライアル雇用」とあるのは、「林業作業士（フォレストワーカー）研修」と読み替えるものとする。
　　また、林業作業士（フォレストワーカー）研修のうち実地研修の助成期間の上限は、次のとお

りとする。

a 林業作業士（フォレストワーカー）研修（1年目）

月額助成にあっては8か月、日額助成にあっては140日（うち育成研修は8日を上限とする。）

b 林業作業士（フォレストワーカー）研修（2年目）

月額助成にあっては9か月、日額助成にあっては160日

c 林業作業士（フォレストワーカー）研修（3年目）

月額助成にあっては9か月、日額助成にあっては160日

エ　キャリアアップ対策

(ア) 事業内容

担当する現場の効率的な運営又は現場の統括管理のために必要な知識・技術・技能等を習得を図り、林業就業者のキャリア形成を支援するため、次の事業を実施する。

a 研修の実施

事業実施主体は、ブロック等を単位とし、森林・林業に関する知識・技術・技能等を習得させるための次の研修を実施するものとする。

(1) 現場管理責任者（フォレストリーダー）研修

現場管理を行う者等を対象として、担当する現場の効率的な運営を行うために必要な知識・技術・技能等の習得を図るための集合研修を実施する。

(2) 統括現場管理責任者（フォレストマネージャー）研修

統括現場管理を行う者等を対象として、複数の現場を統括管理するために必要な知識・技術・技能等の習得を図るための集合研修を実施する。

b 現場管理責任者（フォレストリーダー）研修等参加申請書の作成

(a) 事業実施主体は、現場管理責任者（フォレストリーダー）研修及び統括現場管理責任者（フォレストマネージャー）研修（以下「現場管理責任者（フォレストリーダー）研修等」という。）に参加し、助成を受けようとする林業事業体に対し、参加申請書（以下「現場管理責任者（フォレストリーダー）研修等参加申請書」という。）を作成させるものとする。

(b) 現場管理責任者（フォレストリーダー）研修等研修参加申請書の記載事項は、イの（ア）のbの（b）の規定を準用する（ただし、⑥及び⑦を除く。）。

この場合、「トライアル雇用実施計画書」とあるのは「現場管理責任者（フォレストリーダー）研修等参加申請書」と読み替えるものとする。

c 現場管理責任者（フォレストリーダー）研修等参加申請書の審査等

現場管理責任者（フォレストリーダー）研修等参加申請書の審査、審査結果の報告、承認通知書の交付、現場管理責任者（フォレストリーダー）研修等参加申請書の変更及び現場管理責任者（フォレストリーダー）研修等の参加中止については、イの（ア）のcの規定を準用する。

この場合、「トライアル雇用」とあるのは「現場管理責任者（フォレストリーダー）研修等」と、「トライアル雇用実施計画書」とあるのは「現場管理責任者（フォレストリーダー）研修等参加申請書」と、「トライアル雇用による実地研修」とあるのは「現場管理責任者（フォレストリーダー）研修等への参加」と読み替えるものとする。

(イ) 資格等

　　　　a　研修生の資格
　　　　　現場管理責任者（フォレストリーダー）研修等の研修生は、別表１の研修生の要件の項の現場管理責任者（フォレストリーダー）研修の欄及び統括現場管理責任者（フォレストマネージャー）研修の欄にそれぞれ掲げる要件をすべて満たす者とする。
　　　　b　林業事業体の資格
　　　　　現場管理責任者（フォレストリーダー）研修等に係る助成を受ける林業事業体は、別表１の林業事業体の項の現場管理責任者（フォレストリーダー）研修の欄及び統括現場管理責任者（フォレストマネージャー）研修の欄にそれぞれ掲げる要件をすべて満たす事業体とする。
　　（ウ）研修参加に対する助成
　　　　事業実施主体は、現場管理責任者（フォレストリーダー）研修等助成事業体の現場管理責任者（フォレストリーダー）研修等参加申請書に基づく研修参加に対し、別表２の６の経費を助成するものとする。
　　（エ）現場管理責任者（フォレストリーダー）研修等実績報告書の作成
　　　　a　現場管理責任者（フォレストリーダー）研修等実績報告書の提出
　　　　　事業実施主体は、現場管理責任者（フォレストリーダー）研修助成事業体に実績報告書（以下「現場管理責任者（フォレストリーダー）研修等実績報告書」という。）を提出させるものとする。
　　　　b　現場管理責任者（フォレストリーダー）研修等実績報告書の記載事項
　　　　　現場管理責任者（フォレストリーダー）研修等実績報告書の記載事項については、イの（ア）のｂの（b）の規定を準用する（ただし、⑥及び⑦を除く。）。
　　　　　この場合、「トライアル雇用実施計画書」とあるのは「現場管理責任者（フォレストリーダー）研修等参加申請書」と、「予定する助成額の見積もり」とあるのは「助成を請求する金額」と読み替えるものとする。


オ　安全指導等
　　事業実施主体は、林業労働災害の防止及び緑の雇用事業の実地研修の安全な実施を図るため、林業事業体への安全巡回指導、林業事業体の自主的取組の促進及び安全な器具機材の開発・改良を行うものとする。
　（ア）林業事業体への安全巡回指導
　　　事業実施主体は、労働災害が多発する作業等への具体的な対策を策定するとともに、緑の雇用事業における実地研修の安全な実施を図るための安全巡回指導及び労働災害防止計画の目標達成を図るための重大災害等が発生した林業事業体等への特別安全指導をそれぞれ実施するものとする。
　（イ）林業事業体の自主的取組の促進
　　　事業実施主体は、労働安全や経営の専門家、林業中央団体等で構成する強化対策推進チームを設置し、労働災害防止の強化対策の策定及びその普及・定着を図るための林業事業体への指導・情報発信等を行うものとする。
　（ウ）安全な器具機材の開発・改良
　　　事業実施主体は、林業おける労働災害防止に資するため、林業で使用する安全で使い易い作業器具等の開発・改良を行うものとする。

また、事業実施主体は、成果品の報告書を作成の上、林野庁長官に10部提出するものとする。

カ 事業推進委員会
　事業実施主体は、緑の雇用事業の効果的かつ円滑な実施を確保するため、次のとおり、事業推進委員会を設置するものとする。
　(ア) 委員会の設置
　　　事業推進委員会は、事業実施主体に設置するものとする。
　(イ) 委員の構成
　　　事業推進委員会は、外部有識者等により構成するものとする。
　(ウ) 委員会に付議する事項
　　　a 事業実施計画及び事業実績に関する事項
　　　b 実施計画書の審査基準の制定に関する事項
　　　c 改善措置意見に関する事項
　　　d 研修カリキュラムに関する事項
　　　e 安全指導に関する事項
　　　f その他緑の雇用事業の実施に関する事項
　(エ) 専門委員会の設置
　　　事業実施主体は、緑の雇用事業の実施に関して専門的な知見に基づく助言が必要な事項を審議するために、事業推進委員会に専門委員会を設置することができるものとする。

キ 林業事業体に対する指導及び監督・検査
　事業実施主体は、緑の雇用事業の適正かつ計画的・効率的な実施を図るため、林業事業体に対する事業説明会の開催等を通じた事業内容の説明、実施計画書の作成及び実績報告等に関する指導並びに実地研修の実施状況等に関する監督・検査を実施するものとする。

ク 改善措置意見
　(ア) 改善措置意見の通知
　　　事業実施主体は、緑の雇用事業に関係する法令・規定等の遵守、研修の安全確保及び研修生の林業への定着について、改善を要する状況にあると認められる場合には、トライアル雇用助成事業体、林業作業士（フォレストワーカー）研修助成事業体及び現場管理責任者（フォレストリーダー）研修等助成事業体（以下「助成事業体」という。）に対し、改善措置意見を通知し、これを公表できるものとする。
　(イ) 改善方針の作成
　　　前項の規定により、改善措置意見を通知された助成事業体は、事業実施主体に対し、当該意見に対する改善の方針（以下「改善方針」という。）を提出しなければならないものとする。
　(ウ) 改善方針の承認
　　　事業実施主体は、前項の規定により提出された改善方針を審査し、改善措置意見に対する十分な改善が図られ、再発のおそれが低いと認められる場合には、承認通知書を交付するものとし、これ以外の場合は、研修を停止させるものとする。
　(エ) 都道府県の意見

事業実施主体は、改善措置意見を発出した場合には、その写しを当該助成事業体の改善計画を認定した都道府県知事に送付するものとする。
　　　都道府県知事は、前項の規定により事業実施主体が行う改善方針の審査に当たって、事業実施主体に対し意見を提出できるものとし、事業実施主体は当該意見を尊重し、審査を行うものとする。

　ケ　能力評価システム等の導入支援
　（ア）事業内容
　　　事業実施主体は、林業事業体による能力評価システム等の導入（林業就業者等の能力に応じたキャリアアップ・システム等を導入することにより安定的な雇用を継続することのできる体制を整備するものをいう。以下同じ。）を推進するため、次の事業を実施する。
　　a　能力評価システム等の導入支援の実施
　　　能力評価システム等の導入を希望する林業事業体に対し指導・助言を実施するものとする。また、当該林業事業体について、労務管理、財務、法律等に関する外部の専門家の指導・助言等を受けて行う能力評価システム等の導入に対し、支援を実施するものとする。
　　b　能力評価システム等導入計画書の作成
　　(a)　能力評価システム等の導入支援を受けようとする林業事業体に対し、能力評価システム等導入に関する実施計画書（以下「能力評価システム等導入実施計画書」という。）を作成させるものとする。
　　(b)　能力評価システム等導入実施計画書には、次の事項を記載するものとする。
　　　①　林業事業体の名称及び住所
　　　②　労確法に基づく改善計画の都道府県知事による認定番号
　　　③　林業事業体の設立年月日、営業年数
　　　④　林業事業体の役職員数、社会・労働保険等への加入状況
　　　⑤　林業事業体の資本装備（林業機械保有台数等）
　　　⑥　能力評価システム等の現状及び導入を予定する内容
　　　⑦　予定する助成額の見積り
　　　⑧　その他事業実施主体が必要と認める事項
　　c　能力評価システム等導入実施計画書の審査等
　　(a)　能力評価システム等導入実施計画書の審査
　　　能力評価システム等導入実施計画書の審査に当たって、審査基準を定めるものとし、その基準に従って能力評価システム等導入実施計画書を審査するものとする。
　　(b)　審査結果の報告
　　　能力評価システム等導入実施計画書の審査結果を林野庁長官に報告するものとする。
　　(c)　承認通知書の交付
　　　審査の結果、適当と認める能力評価システム等導入実施計画書を作成した林業事業体（以下「能力評価システム等導入助成事業体」という。）に対し、承認通知書を交付するものとする。
　　　また、本承認通知書を交付する場合には、能力評価システム等導入実施計画書に基づく能力評価システム等の導入に対し交付を予定する助成金の額及び助成金交付の条件を付すものとする。

(d) 能力評価システム等導入実施計画書の変更

承認通知書を交付した林業事業体が能力評価システム等導入実施計画書に記載した事業費の増加、その他事業実施主体が定める事項について変更が生じた場合には、能力評価システム等導入実施計画書の変更を行わせるものとする。

(e) 能力評価システム等の導入支援の中止

能力評価システム等導入助成事業体が能力評価システム等の導入を中止する場合には、能力評価システム等導入中止届を提出させなければならない。

(イ) 林業事業体の資格

能力評価システム等の導入支援に係る助成を受ける林業事業体は、別表1の林業事業体の要件の項の能力評価システム等導入の欄に掲げる要件を全て満たす林業事業体とする。

(ウ) 能力評価システム等の導入に対する助成

事業実施主体は、能力評価システム等導入助成事業体が能力評価システム等導入実施計画書に基づき行った能力評価システム等の導入に対し、別表2の経費を助成するものとする。

a 助成対象

助成対象となる内容は、事業実施主体が別に定める。

b 助成額の総額

林業事業体ごとの助成額の総額は、予算の範囲内において、事業実施主体が定めるものとする。

c 助成対象内容等の記録等

事業実施主体は、能力評価システム等導入助成事業体に対し、会議等を行った場所、内容、要した経費の内容等を適正に記録させ、備え付けさせるものとする。

(エ) 能力評価システム等導入実績報告書の作成

a 能力評価システム等導入実績報告書の提出

事業実施主体は、能力評価システム等導入助成事業体に実績報告書（以下「能力評価システム等導入実績報告書」という。）を提出させるものとする。

b 能力評価システム等導入実績報告書の記載事項

能力評価システム等導入実績報告書の記載事項については、(ア) のbの (b) の規定を準用する。この場合、「能力評価システム等の現状及び導入を予定する内容」は「能力評価システム等の導入の内容」と、「予定する助成額の見積り」とあるのは「助成を請求する金額」と読み替えるものとする。

(オ) 林業事業体に対する指導及び監督・検査

事業実施主体は、事業の適正かつ計画的・効率的な実施を図るため、林業事業体に対する実施計画書の作成及び実績報告等に関する指導並びに事業の実施状況等に関する監督・検査を実施するものする。

(カ) 能力評価システム等の導入に関する普及・啓発等

事業実施主体は、能力評価システム等の導入の普及・啓発等に努めるものとする。

(2) 事業の実施

ア 業務の委託

事業実施主体は、地方における緑の雇用事業の円滑かつ効率的な実施等第三者に委託することが合

理的かつ効果的であると認められる場合には、業務の一部を都道府県の林業労働力確保支援センター、大学等研究教育機関及びその他の林業関係団体等に委託することができる。
　　　　ただし、事業そのもの又は事業の根幹を成す業務を委託すると、補助事業の対象要件に該当しなくなることから、委託内容については十分検討するものとする。

　　イ　定着状況の調査
　　　　事業実施主体は、「林業担い手育成確保対策事業の実施について」に基づき実施した緑の雇用担い手育成対策事業の研修生、緑の雇用担い手対策事業（以下「旧緑の雇用事業」という。）の基本研修生及び林業作業士（フォレストワーカー）研修（1年目）の研修生の定着状況を調査し、当年度6月末までに林野庁長官に報告するものとする。
　　　　なお、調査内容は当年度4月1日時点における就業状況とする。

　　ウ　都道府県との連携確保
　　（ア）研修実施計画書及び研修実績報告書の都道府県への届出
　　　　　事業実施主体は、トライアル雇用実施計画書、林業作業士（フォレストワーカー）研修実施計画書、現場管理責任者（フォレストリーダー）研修等参加申請書、能力評価システム等導入実施計画書、トライアル雇用実績報告書、林業作業士（フォレストワーカー）研修実績報告書、現場管理責任者（フォレストリーダー）等参加報告書及び能力評価システム等導入実績報告書の写しを都道府県知事に届け出るものとする。
　　（イ）都道府県の意見
　　　　　都道府県知事は、トライアル雇用実施計画書、林業作業士（フォレストワーカー）研修実施計画書、現場管理責任者（フォレストリーダー）研修等参加申請書及び能力評価システム等導入実施計画書について、事業実施主体に意見を提出することができるものとし、事業実施主体は、その意見を尊重し、当該計画の審査を行うものとする。

　　エ　研修修了者の登録申請のとりまとめ
　　　　事業実施主体は、林業作業士（フォレストワーカー）研修（3年目）、現場管理責任者（フォレストリーダー）研修及び統括現場管理責任者（フォレストマネージャー）研修の修了者から、研修修了者に係る登録制度の運用について（平成10年4月1日付け10林野組第36号林野庁長官通知）に基づき研修修了者名簿への登録申請があった場合には、研修修了者の確認を行った上で、林野庁長官に報告するとともに、研修修了者名簿登録証等が発行された場合は、本人にこれを配布するものとする。

3　助成金の交付等
（1）内規の作成
　　事業実施主体は、林業事業体が行う助成金の交付申請手続きその他の事業実施に必要な事項を定めた内規を作成するものとし、当該内規に基づき助成金の交付を行うものとする。
　　なお、事業実施主体は、内規を作成した場合には、林野庁長官に協議するものとする。

（2）助成金の返還等

事業実施主体は、次の場合においては、助成金の一部又は全部を返還させ、或いは助成金の一部又は全部を交付しないものとする。

なお、助成金の返還に当たっては、補助金等に係る予算の執行の適正化に関する法律（昭和30年法律第179号）に基づく手続等により行うものとする。

ア　実施計画書に即した取組が行われていないと認められる場合
イ　虚偽の報告等本事業に関する不正が認められたとき
ウ　本通知、助成金の交付条件及び事業実施主体が定める規定に違反したとき

(3)　助成金等の併給防止

ア　事業実施主体は、緑の雇用事業による助成金の支給に関し、厚生労働省の実施するトライアル雇用奨励金及び緊急雇用創出事業による助成金・奨励金との併給とならないよう、都道府県労働局等との連絡・調整を行うものとする。

また、平成27年度補正予算により実施する緑の雇用事業による助成金との併給とならないようにしなければならない。平成27年度補正予算により実施する緑の雇用事業による助成を受けた研修生が、平成28年度当初予算により実施する緑の雇用事業による助成を受ける場合は、2の(1)のイの(ウ)のd及び2の(1)のウの(エ)に規定する助成期間に平成27年度補正予算により実施する緑の雇用事業による助成期間を含めるものとする。

なお、林業作業士（フォレストワーカー）研修（1年目）の後期開始により助成を受けた研修生が、翌年度に継続して林業作業士（フォレストワーカー）研修（1年目）の助成を受ける場合は、2の(1)のイの(ウ)のd及び2の(1)のウの(エ)に規定する助成期間に前年度の助成期間を含めるものとする。

イ　アのほか、事業実施主体は、緑の雇用事業と同一の事由をもって、国から助成される各種助成金等と緑の雇用事業による助成金が併給とならないようにするものとする。

4　事業の実施期間

平成28年度から平成32年度までとする。

Ⅱ　林業労働安全推進対策

林業は、多様な自然環境の中で危険な作業を行う業種であり、労働災害発生率は全産業の中で最も高く、新規就業者の確保・育成、現場技能者の定着を図る上で大きな障害となっている。

林業分野における労働安全を向上させるためには、就業者に対する技術習得は勿論のこと、林業事業体の経営層が安全に対して強い意志を持ち、自主的な安全活動に取り組むことが重要である。

このため、林業労働安全推進対策として、林業の知識を有する労働安全の専門家を養成し、地域における林業事業体の安全指導能力の向上を図るとともに、業界全体に安全の意識啓発を行う。

1　事業実施主体

本事業の事業実施主体は、別に定める公募要領により公募の上、決定するものとする。

2　事業内容及び事業実施

(1)　事業内容

事業実施主体は、「労働安全衛生法」（昭和47年法律第57号）第81条第1項に規定する労働安全コンサルタントの中から、研修等の実施により、林業事業体の安全についての診断や指導等を担える林業の知識を有する労働安全の専門家（以下「林業労働安全指導者」という。）を養成し、その活動を通じて地域の林業事業体の安全の指導能力を向上させるとともに、業界全体に安全意識の啓発を図るため、次の事業を実施する。

ア　林業労働安全指導者養成事業
　（ア）林業労働安全指導者の募集
　　　事業実施主体は、林業労働安全指導者（全国で100人程度）をそれぞれの地域における林業事業体数に応じて網羅的に配置することとし、このうち平成28年度については、50人程度の労働安全コンサルタントを募集するものとする。
　（イ）林業労働安全指導者養成研修の実施
　　　事業実施主体は、（ア）で募集する労働安全コンサルタントに対し、林業の知識を付与するため、集合研修を実施するものとする。
　　　なお、集合研修は、林業機械化センター（群馬県沼田市）で実施することとし、研修内容等の詳細については、関係機関との調整により決定するものとする。

イ　林業労働安全活動促進事業
　（ア）林業労働安全指導者の活用による安全活動の実施
　　　事業実施主体は、林業事業体の意識改革や地域の安全指導能力の向上を図るため、林業労働安全指導者に次の安全活動を委託し、実施するものとする。
　　a　林業事業体に対する安全診断の実施等
　　　　それぞれの地域において効果的な安全指導が行われるよう、林業事業体の安全診断を標本的に実施するとともに、その結果を別紙様式第1号により整理させるものとする。
　　　　また、安全診断によって得られた地域の実情を踏まえ、安全指導方針を作成させるものとする。
　　　　なお、安全診断の実施に当たり、事業体の選定及び連絡調整業務は、事業実施主体が行うものとする。
　　b　既存の安全指導体制に対する指導
　　　　事業体の安全担当者等の既存の安全指導体制への教育等を実施させるものとする。
　　　　なお、実施に当たり、連絡調整業務は事業実施主体が行うものとする。
　（イ）林業労働安全指導者に対する指導及び監督・検査
　　　事業実施主体は、（ア）の安全活動の適正な実施に向け、林業労働安全指導者に対する指導及び実施状況に関する監督・検査を実施するものとする。
　（ウ）林業労働安全に係る指導方針書の作成
　　　事業実施主体は、（ア）のaの安全診断結果及び安全指導方針を各地域の林業労働安全指導者から収集し、林業労働安全に係る指導方針書としてとりまとめ、国に報告するとともに、林業労働安全指導者等と共有するものとする。
　　　なお、指導方針書のとりまとめに当たっては、情報の保護に努め、林業労働安全指導者以外の個人又は法人が特定されることのないよう留意するものとする。

ウ　林業労働災害撲滅推進事業
　（ア）林業労働災害撲滅キャンペーン推進活動

                事業実施主体は、業界全体に安全意識の啓発を図るとともに林業事業体の本事業への協力を求めるため、ポスター等による周知を実施するものとする。
            (イ) 林業労働災害撲滅キャンペーン
                事業実施主体は、林業労働災害の撲滅に向け、地域の行政機関等の協力の下、ブロックを単位として現地調査や意見交換会等の取組を実施するものとする。
    (2) 事業の実施
        ア 業務の委託
            事業実施主体は、地方における本事業の円滑かつ効率的な実施等第三者に委託することが合理的かつ効果的であると認められる場合には、業務の一部を都道府県の林業労働力確保支援センター又は林業関係団体等に委託することができる。
        イ 企画会議の開催
            事業実施主体は、本事業の効果的かつ円滑な実施を確保するため、次のとおり、企画会議を開催するものとする。
            (ア) 企画会議の参加者
                会議開催に当たっては、必要に応じて外部有識者を参加させるものとする。
            (イ) 企画会議において議題とする事項
                ① 林業労働安全指導者の養成研修に関する事項
                ② 林業労働災害撲滅キャンペーンに関する事項
                ③ その他林業労働安全推進事業の実施に必要な事項
        ウ 林業労働安全指導者名簿の作成
            事業実施主体は、林業事業体の自主的な労働安全活動に資するため林業労働安全指導者名簿を作成するとともに、必要に応じて林業事業体等に情報提供するものとする。

3 内規の作成
    事業実施主体は、次の事項についての内規を作成するものとし、この通知によるものに加えて当該内規に基づき事業を実行するものとする。
    なお、事業実施主体は、作成した内規を林野庁長官に協議するものとする。
    内規を作成する事項
    ① 林業労働安全指導者の養成に関する事項
    ② 林業労働安全活動の促進に関する事項
    ③ その他必要な事項

4 事業の実施期間
    平成27年度から平成31年度までとする。

## 第3 事業計画書及び実施報告書の作成

実施要綱の第4の(1)に定める事業計画書の作成及び承認等については、交付要綱の第4第1項に定める申請書をもってこれに代えるものとする。
また、実施要綱の第8に定める実施状況等の報告は、交付要綱の第13第1項に定める実績報告書をもってこれに代えるものとする。

## 第4 知的財産権の取扱い

Ⅰ 事業実施主体は、事業の実施により得られた知的財産権(特許権、実用新案権、意匠権、商標権、意匠権、プログラム及びデータベースに係る著作権等権利化された無体財産権)の出願等の状況を林野庁長官に報告するものとする。

Ⅱ Ⅰの報告は、補助事業を開始した年度の最初の日から5年以内に、本事業に基づく知的財産権を出願し若しくは取得した場合又はこれを譲渡し若しくは実施権を設定した場合に、当該出願等を行った年度の末日から30日以内に別紙様式第2号により行うものとする。

Ⅲ 事業実施主体は、国が公共の利益のために特に必要があるとしてその理由を明らかにして求める場合には、無償で当該知的財産権を利用する権利を国に許諾するものとする。

Ⅳ 当該知的財産権を相当期間活用していないと認められ、かつ、相当期間活用していないことについて正当な理由が認められない場合において、国が当該知的所有権の活用を促進するために特に必要があるとしてその理由を明らかにして求めるときは、事業実施主体は、当該知的財産権を利用する権利を第三者に許諾するものとする。

## 第5 国の助成

Ⅰ 国は、「緑の雇用」現場技能者育成推進事業の効果的実施を図るため指導監督を行うものとし、実施要綱第6に規定する国の助成措置に係る補助対象経費は別表3のとおりとし、補助対象経費の範囲及び算定方法は別表2及び別表4のとおりとする。

Ⅱ 林野庁長官は、「緑の雇用」現場技能者育成推進事業の補助対象経費の算定の根拠となる書類を別途指定し、提出を求めるものとする。

Ⅲ 事業の着手は、原則として国からの交付決定通知を受けて行うものとするが、やむを得ない事情により、交付決定前に着手する必要がある場合は、事業実施主体は、必要性を十分検討した上で、その理由を具体的に付して、別紙様式第3号により林野庁長官に提出することとする。

## 第6 その他

Ⅰ 成果の取扱い

事業実施主体は、林野庁長官が本事業の成果の普及を図ろうとするときは、これに協力しなければならない。

また、事業実施主体は、事業実施期間終了後においても、当事業の成果及び実績等について、林野庁長官から報告を求められたときは、これに協力しなければならない。

Ⅱ 経過措置

1 次の通知は廃止するものとする。ただし、この要領の施行後も、この通知に基づいて平成22年度まで実施された事業に係る報告及び国庫への返還については、なお従前の例によることとする。

(1)「林業担い手育成確保対策事業の実施について」(平成 10 年 4 月 8 日付け 10 林野組第 70 号林野庁長官通知)
(2)「吸収源対策森林施業推進活動緊急支援事業実施要領」(平成 18 年 3 月 29 日付け 17 林整研第 965 号林野庁長官通知)
(3)「林業経営者育成確保事業実施要領」(平成 22 年 3 月 31 日付け 21 林整研第 845 号林野庁長官通知)
2 平成 28 年 4 月 1 日付け 27 林政経第 314 号林野庁長官通知による改正前の本実施要領(以下「旧要領」という。)に基づき実施された高校生等に対する林業経営・就業体験等に係る報告書等の作成については、なお従前の例による。

附則(平成 27 年 4 月 9 日 26 林政経第 255 号)
1 この通知は、平成 27 年 4 月 9 日から施行する。
2 平成 27 年 4 月 9 日付け 26 林政経第 255 号林野庁長官通知による改正前の本要領に基づき実施された事業に係る報告等については、なお従前の例による。

附則(平成 28 年 4 月 1 日 27 林政経第 314 号)
1 この通知は、平成 28 年 4 月 1 日から施行する。
2 この通知による改正前の本要領に基づき実施された事業に係る報告等については、なお従前の例による。

別表1 新規就業者の確保・育成・キャリアアップ対策に係る研修生及び林業事業体の要件

| 研修の種類 | 研修生の要件 | 林業事業体の要件 |
| --- | --- | --- |
| トライアル雇用 | 1 公共職業安定所(以下「ハローワーク」という。)、林業労働力確保支援センター、学校等公的な機関を通じる等労働条件等を明確にした雇用契約により採用される者であること<br>2 本事業の研修修了後、5 年以上就業できる年齢であること<br>3 林業就業に必要な健康状態の者であること<br>4 林業就業経験が通算 1 年未満の者であること<br>5 その他事業実施主体が定める採択基準を満たす者であること | 1 労確法に基づいて都道府県知事が改善計画を認定した事業主(以下「認定事業主」という。)であること<br>2 効率的かつ安定的な林業経営に向けて取り組む林業事業体であること<br>3 実地研修に必要な事業地、機材指導員等を確保できる林業事業体であること<br>4 改善措置意見を付されている林業事業体(旧緑の雇用事業において、改善通知を付されている林業事業体を含む。)については、当該意見に対する改善が図られている林業事業体であること<br>5 その他事業実施主体が定める採択基準を満たすものであること |
| 林業作業士(フォレストワーカー)研修(1 年目) | 1 ハローワーク、林業労働力確保支援センター、学校等公的な機関を通じる等労働条件等を明確にした雇用契約により採用される者であること又はトライアル雇用等から引き続き採用される者であること<br>2 本事業の研修修了後、5 年以上就業できる年齢であること<br>3 林業就業に必要な健康状態の者であること | 同上 |

| | | |
|---|---|---|
| | 4　林業就業経験が通算2年未満の者であること<br>5　当該年度を通じた就業を予定している者であること<br>6　林業就業支援講習の講習修了者等林業就業に対する意識が明確な者<br>7　その他事業実施主体が定める採択基準を満たす者であること | |
| 林業作業士（フォレストワーカー）研修（2年目） | 1　林業作業士（フォレストワーカー）研修（1年目）を修了している者であること<br>ただし、旧緑の雇用事業の基本研修を修了し、かつ、事業実施主体の定める技能水準を有する者である場合にはフォレストワーカー研修（1年目）を修了している者とみなすことができる<br>2　本事業の研修修了後、5年以上就業できる年齢の者であること<br>3　林業作業士（フォレストワーカー）研修（1年目）を修了後の年数が、原則として3年以上経過していない者であること<br>4　その他事業実施主体が定める採択基準を満たす者であること | 同上 |
| 林業作業士（フォレストワーカー）研修（3年目） | 1　林業作業士（フォレストワーカー）研修（2年目）を修了している者であること<br>ただし、旧緑の雇用事業の基本研修及び技術高度化研修を修了し、かつ、事業実施主体の定める技能水準を有する者である場合には林業作業士（フォレストワーカー）研修（2年目）を修了している者とみなすことができる<br>2　本事業の研修修了後、5年以上就業できる年齢の者であること<br>3　林業作業士（フォレストワーカー）研修（1年目）を修了後の年数が、原則として4年以上経過していない者であること<br>4　その他事業実施主体が定める採択基準を満たす者であること | 同上 |
| 現場管理責任者（フォレストリーダー）研修 | 1　林業の就業経験が通算5年以上の者であり、かつ、事業実施主体の定める技能水準を有する者であること<br>2　現場管理を行う者又は現場管理を行う見込みのある者であること<br>3　本事業の研修修了後、5年以上就業できる年齢の者であること<br>4　その他事業実施主体が定める採択基準を満たす者であること | 1　認定事業主であること<br>2　効率的かつ安定的な林業経営に向けて取り組む林業事業体であること<br>3　改善措置意見を付されている林業事業体（旧緑の雇用事業において、改善通知を付されている林業事業体を含む。）については、当該意見に対する改善が図られている林業事業体であること<br>4　その他事業実施主体が定める採択基準を満たすものであること |

| 統括現場管理責任者（フォレストマネージャー）研修 | 1 林業の就業経験が通算10年以上の者であり、かつ、事業実施主体の定める技能水準を有する者であること<br>2 統括現場管理を行う者又は統括現場管理を行う見込みのある者であること<br>3 本事業の研修了後、5年以上就業できる年齢の者であること<br>4 その他事業実施主体が定める採択基準を満たす者であること | 同上 |
|---|---|---|
| 能力評価システム等の導入 | | 1 認定事業主であること<br>2 その他事業実施主体が定める採択基準を満たすものであること |

別表2 新規就業者の確保・育成・キャリアアップ対策に係る実地研修助成経費

1 トライアル雇用の助成対象経費

| 助成対象事項 | 助成の内容 |
|---|---|
| 技術習得推進費 | 研修期間中、研修生に林業就業に必要な技術・技能を体験・習得させるための経費として、研修生1人当たりの月額を助成する。<br>ただし、支給の対象となった月に事業体が研修生に対して支給した賃金の額を上回らないものとする。<br>また、助成する期間は、3ヶ月を上限とする。 |
| 労災保険料 | 技術習得推進費の額に保険料率を乗じた額を助成する。 |
| 指導費 | 研修計画の作成、研修生等への指導及び研修実績の管理・評価（以下「研修指導等」という。）を行うための経費として、認定事業主（研修生及び指導員が個別に配置され、かつ、改善計画において個別に雇用管理者が選任されている事業所（以下「対象事業所」という。）が複数ある場合には、対象事業所を認定事業主とみなすことができる）当たり日額を助成するものとする。<br>ただし、研修生が事業実施主体の定める助成対象の作業種をおこない、かつ、指導員が研修指導等を実施したことが研修記録簿及び指導員の出勤簿等により確認できる日を助成対象とする。<br>また、助成する日数は、60日を上限とする。 |
| 資材費 | 林業事業体が研修等に使用する資材等について、事業実施主体が定める額を上限に1人の研修生について林業事業体が負担する経費を助成する。 |
| 雇用促進支援費 | 林業事業体が支給する住宅手当の経費として、トライアル雇用者が借家を住居としている場合に限り、事業実施主体が定める1月当たりの額を上限に林業事業体が支給した額を助成する。 |

2 林業作業士（フォレストワーカー）研修（1年目：育成研修、実践研修共通）の助成対象経費

| 助成対象事項 | 助成の内容 |
|---|---|
| 技術習得推進費 | 研修期間中、研修生に林業就業に必要な技術・技能を体験・習得させるための経費として、研修生1人当たりの月額を助成する。<br>ただし、支給の対象となった月に事業体が研修生に対して支給した賃金等の額を上回らないものとする。<br>また、助成する期間は、8ヶ月を上限とする。 |
| 労災保険料 | 技術習得推進費の額に保険料率を乗じた額を助成する。 |

| 研修準備費 | 林業事業体が研修等に使用する林業用の機械用具等について、事業実施主体が定める額を上限に1人の研修生について林業事業体が負担する経費を助成する。 |
|---|---|
| 資材費 | 林業事業体が研修等に使用する資材等について、事業実施主体が定める額を上限に1人の研修生について林業事業体が負担する経費を助成する。<br>ただし、トライアル雇用から引き続き雇用される者については、助成の対象にならないものとする。 |
| 安全向上対策費 | 林業事業体が研修等に使用する最先端の安全装備等について、事業実施主体が定める額を上限に1人の研修生について林業事業体が負担する経費を助成する。 |
| 研修業務管理費 | 事業実施主体が行う監督・検査及び安全指導への立会並びに調査に対する報告等研修業務の管理に必要な経費として、事業実施主体が定める額を助成する。 |
| 雇用促進支援費 | 林業事業体が支給する住宅手当の経費として、フォレストワーカー研修(1年目)研修生が借家を住居としている場合に限り、住宅手当として、事業実施主体が定める1月当たりの額を上限に林業事業体が支給した額を助成する。 |
| 就業環境整備費 | 林業退職金共済制度等への加入を必須とし、林業退職金共済制度等掛金、雇用保険及び厚生年金等社会保険料の事業主負担分として、事業実施主体が定める1月当たりの額を上限に1人の研修生について林業事業体が負担した額を助成する。 |
| 研修環境整備費 | 林業事業体が女性を雇用して研修を行うための必要な現場環境整備の経費として、事業実施主体が定める1月当たりの額を上限に女性研修生を雇用している林業事業体が負担した額を助成する。 |

3　林業作業士(フォレストワーカー)研修(1年目:育成研修)の実施に係る経費

| 助成対象事項 | 助成の内容 |
|---|---|
| 指導費 | 研修指導等を行うための経費として、認定事業主(研修生及び指導員が個別に配置され、かつ、対象事業所が複数ある場合には、対象事業所を認定事業主とみなすことができる) 当たり日額を助成するものとする。<br>ただし、研修生が事業実施主体の定める助成対象の作業種をおこない、かつ、指導員を研修現場に配置し研修指導等を実施したことが研修記録簿、指導員の出勤簿及び現場写真等により確認できる日を助成対象とする(ただし、研修時間が4時間以下の場合を除く。)。<br>また、助成する日数は、8日を上限とする。 |
| 機械等経費 | 研修に必要な機械の損料に対し、機械等助成単価表に掲げる1日当たりの経費を助成するものとする。<br>ただし、研修生が事業実施主体の定める助成対象の作業種を行い、かつ、当該機械を研修現場に配置し研修に使用したことが研修記録簿及び現場写真等により確認できる日を助成対象とする(ただし、研修時間が4時間以下の場合を除く。)。 |

4　林業作業士(フォレストワーカー)研修(1年目:実践研修)の実施に係る経費

| 助成対象事項 | 助成の内容 |
|---|---|
| 指導費 | 研修指導等を行うための経費として、認定事業主(研修生及び指導員が個別に配置され、かつ、対象事業所が複数ある場合には、対象事業所を認定事業主とみなすことができる。また、3名以上の研修生に対し、複数名の指導員を配置して研修を行う認定事業主は、2の認定事業主とみなすことができる。) 当たり日額を助成するものとする。<br>ただし、研修生が事業実施主体の定める助成対象の作業種をおこない、かつ、指導員が研修指導等を実施したことが研修記録簿及び指導員の出勤簿等により確認できる日を助成対象とする。<br>また、助成する日数は、140日(育成研修を含む)を上限とする。 |

5 林業作業士（フォレストワーカー）研修（2、3年目）の実施に係る経費

| 助成対象事項 | 助成の内容 |
|---|---|
| 技術習得推進費 | 研修期間中、研修生に林業就業に必要な技術・技能を体験・習得させるための経費として、研修生1人当たりの月額を助成する。<br>ただし、支給の対象となった月に事業体が研修生に対して支給した賃金等の額を上回らないものとする。<br>また、助成する期間は、9ヶ月を上限とする。 |
| 労災保険料 | 技術習得推進費の額に保険料率を乗じた額を助成する。 |
| 安全向上対策費 | 林業事業体が研修等に使用する最先端の安全装備等について、事業実施主体が定める額を上限に1人の研修生について林業事業体が負担する経費を助成する。 |
| 指導費 | 研修指導等を行うための経費として、認定事業主（研修生及び指導員が個別に配置され、かつ、対象事業所が複数ある場合には、対象事業所を認定事業主とみなすことができる）当たり日額を助成するものとする。<br>ただし、研修生が事業実施主体の定める助成対象の作業種をおこない、かつ、指導員が研修指導等を実施したことが研修記録簿及び指導員の出勤簿等により確認できる日を助成対象とする。<br>また、助成する日数は、160日を上限とする。 |
| 研修業務管理費 | 事業実施主体が行う監督・検査及び安全指導への立会並びに調査に対する報告等研修業務の管理に必要な経費として、事業実施主体が定める額を助成する。 |
| 就業環境整備費 | 林業退職金共済制度等への加入を必須とし、林業退職金共済制度等掛金、雇用保険及び厚生年金等社会保険料の事業主負担分として、事業実施主体が定める1月当たりの額を上限に1人の研修生について林業事業体が負担した額を助成する。 |
| 研修環境整備費 | 林業事業体が女性を雇用して研修を行うための必要な現場環境整備の経費として、事業実施主体が定める1月当たりの額を上限に女性研修生を雇用している林業事業体が負担した額を助成する。 |

6 キャリアアップ対策の助成対象経費

| 助成対象事項 | 助成の内容 |
|---|---|
| 技術習得推進費 | 研修期間中、研修生に林業就業に必要な技術・技能を体験・習得させるための経費として、研修生1人当たりの額を助成する。<br>ただし、支給の対象となった月に事業体が研修生に対して支給した賃金等の額を上回らないものとする。 |
| 旅費 | 事業体が研修に研修生を参加させるために要した旅費について事業実施主体が定める額を上限に事業体が負担した額を助成する。 |

7 能力評価システム等の導入

| 助成対象事項 | 助成の内容 |
|---|---|
| 能力評価システム等導入経費 | 林業事業体が、能力評価システム等の導入経費として、事業実施主体が定める額を上限に林業事業体が負担した額を助成する。 |

別表3　補助対象経費

I　新規就業者の確保・育成・キャリアアップ対策

| 区分 | 補助率 | 補助対象経費 |
|---|---|---|
| 1　研修生の募集のための就業ガイダンス等 | 定額 | 技術者給、賃金、謝金、旅費、消耗品費、印刷製本費、光熱水費、通信運搬費、広告料、委託料、使用料及び賃借料、資料購入費、その他 |
| 2　トライアル雇用 | | 技術習得推進費、労災保険料、指導費、資材費、雇用促進支援費 |
| 3　新規就業者育成対策<br>（1）集合研修 | | 技術者給、賃金、謝金、旅費、消耗品費、燃料費、印刷製本費、光熱水費、通信運搬費、原稿料、委託料、使用料及び賃借料、資料購入費、教材費、講習費、その他 |
| （2）実地研修<br>①　林業作業士（フォレストワーカー）研修（1年目） | | 技術習得推進費、労災保険料、研修準備費、資材費、安全向上対策費、研修業務管理費、雇用促進支援費、就業環境整備費、指導費、機械等経費、研修環境整備費 |
| ②　林業作業士（フォレストワーカー）研修（2年目） | | 技術習得推進費、労災保険料、安全向上対策費、指導費、研修業務管理費、就業環境整備費、研修環境整備費 |
| ③　林業作業士（フォレストワーカー）研修（3年目） | | 技術習得推進費、労災保険料、安全向上対策費、指導費、研修業務管理費、就業環境整備費、研修環境整備費 |
| 4　キャリアアップ対策 | | 技術習得推進費、旅費、技術者給、賃金、謝金、消耗品費、燃料費、印刷製本費、光熱水費、通信運搬費、原稿料、委託料、使用料及び賃借料、資料購入費、教材費、講習費、その他 |
| 5　安全指導等 | | 技術者給、賃金、謝金、旅費、消耗品費、印刷製本費、光熱水費、通信運搬費、原稿料、委託料、使用料及び賃借料、資料購入費、その他 |
| 6　事業推進 | | 技術者給、賃金、謝金、旅費、消耗品費、印刷製本費、光熱水費、通信運搬費、委託料、使用料及び賃借料、資料購入費、その他 |
| 7　林業事業体に対する指導及び監督・検査 | | 技術者給、賃金、謝金、旅費、消耗品費、印刷製本費、光熱水費、通信運搬費、委託料、使用料及び賃借料、資料購入費、その他 |
| 8　能力評価システム等導入支援 | | 技術者給、賃金、謝金、旅費、消耗品費、印刷製本費、光熱水費、通信運搬費、広告料、原稿料、委託料、使用料及び賃借料、資料購入費、教材費、その他 |

Ⅱ 林業労働安全推進対策

| 区分 | 補助率 | 補助対象経費 |
|---|---|---|
| 1 林業労働安全指導者養成事業 | 定額 | 技術者給、賃金、謝金、旅費、消耗品費、燃料費、印刷製本費、光熱水費、通信運搬費、委託料、使用料及び賃借料、資料購入費、教材費、保険料、その他 |
| 2 林業労働安全活動促進事業 | | 技術者給、賃金、謝金、旅費、消耗品費、印刷製本費、光熱水費、通信運搬費、委託料、使用料及び賃借料、資料購入費、教材費、その他 |
| 3 林業労働災害撲減推進事業 | | 技術者給、賃金、謝金、旅費、消耗品費、印刷製本費、光熱水費、通信運搬費、広告料、委託料、使用料及び賃借料、その他 |

別表4 補助対象経費の範囲及び算定方法

Ⅰ 新規就業者の確保・育成・キャリアアップ対策

| 補助対象経費 | 範囲及び算定方法 |
|---|---|
| 技術者給 | 事業を実施するために追加的に必要となる業務について、本事業を実施する事業実施主体が支払う実働に応じた対価とする。<br>また、技術者給の算定等については、別添の「補助事業等の実施に要する人件費の算定等の適正化について」によるものとする。 |
| 賃金 | 事業を実施するために追加的に必要となる業務（資料整理、補助、事業資料の収集等）について、本事業を実施する事業実施主体が雇用した者に対して支払う実働に応じた対価（日給又は時間給）とする。<br>賃金の単価については、業務の内容に応じた常識の範囲を超えない妥当な根拠に基づき単価を設定する必要がある。 |
| 謝金 | 事業を実施するために追加的に必要となる資料整理、補助、専門的知識の提供、資料の収集等について協力を得た人に対する謝礼に必要な経費とする。<br>謝金の単価については、業務の内容に応じた常識の範囲を超えない妥当な根拠に基づき単価を設定する必要がある。<br>なお、事業実施主体に対し謝金を支払うことはできない。 |
| 旅費 | 事業を実施するために追加的に必要となる事業実施主体が行う資料収集、各種調査、就業相談、研修の実施、監督・指導・検査、講師派遣、打合せ、会議等の実施に伴う旅行に必要な経費とする。 |
| 消耗品費 | 事業を実施するために追加的に必要となる原材料、消耗品、消耗器材、各種事務用品等の経費とする。 |
| 燃料費 | 事業を実施するために追加的に必要となる事業実施主体が行う研修等に使用する機械の燃料購入に必要な経費とする。 |
| 印刷製本費 | 事業を実施するために追加的に必要となる文書、ポスター、パンフレット等の印刷製本の経費とする。 |
| 光熱水費 | 事業を実施するために追加的に必要となる電気、水道等の使用料を支払うために必要な経費とする（通常の団体運営に伴って発生する事務所の経費は含まれない。）。 |

| | |
|---|---|
| 通信運搬費 | 事業を実施するために追加的に必要となる電話・インターネット等の通信料、郵便料、諸物品の運賃等の経費とする（通常の団体運営に伴って発生する事務所の経費は含まれない。）。 |
| 広告料 | 事業を実施するために必要となるマスメディアへの広告料の支払等に必要な経費とする。 |
| 原稿料 | 事業を実施するために追加的に必要となる情報をとりまとめた報告書等の執筆者に対して、実働に応じた対価を支払う経費とする。 |
| 委託料 | 本事業の補助の目的である事業の一部分（例えば、事業の成果の一部を構成する調査の実施、研修の実施、監督・指導・検査、取りまとめ等）を他の民間団体・企業に委託するために必要な経費とする。<br>なお、委託料の内訳については、他の補助対象経費の内容に準ずるものとする。 |
| 使用料及び賃借料 | 事業を実施するめに追加的に必要となる車両、器具機械、会場等の借上げに必要な経費とする（通常の団体運営に伴って発生する事務所の経費は含まれない。）。 |
| 資料購入費 | 事業を実施するために追加的に必要となる専門誌、書籍等の購入に必要な経費とする。 |
| 教材費 | 事業を実施するために追加的に必要となる教材等の作成・購入に必要な経費とする。 |
| 講習費 | 事業を実施するために追加的に必要となる安全教育、技能講習等の受講に必要な経費とする。 |
| 資機材整備費 | 事業を実施するために追加的に必要な資機材の整備に係る経費とする。 |
| 保険料 | 体験活動等において、様々な事故による傷害や賠償責任などを補償するため、当該活動に参加する者が保険に加入するために必要な経費とする。<br>ただし、保険期間は、活動等開催日の午前0時から当該活動等終了日の午後12時までの間のうち、行事に参加するために所定の場所に集合した時から解散地で解散するまでの間で、かつ主催者の管理・監督下にある場合に限るものとする。 |
| その他 | 事業を実施するために追加的に必要となる雇用に伴う社会保険料の事業主負担分の経費（「賃金」、「技術者給」を除く。）、交通費（勤務地内を移動する場合の電車代等「旅費」で支給されない経費）など、ほかの費目に該当しない経費とする（通常の団体運営に伴って発生する事務所の経費は含まれない。）。 |

Ⅱ 林業労働安全推進対策

| 補助対象経費 | 範囲及び算定方法 |
|---|---|
| 技術者給 | 事業を実施するために追加的に必要となる業務について、本事業を実施する事業実施主体が支払う実働に応じた対価とする。<br>また、技術者給の算定等については、別添の「補助事業等の実施に要する人件費の算定等の適正化について」によるものとする。 |
| 賃金 | 事業を実施するために追加的に必要となる業務（資料整理、補助、事業資料の収集等）について、本事業を実施する事業実施主体が雇用した者に対して支払う実働に応じた対価（日給又は時間給）とする。<br>賃金の単価については、業務の内容に応じた常識の範囲を超えない妥当な根拠に基づき単価を設定する必要がある。 |

| | | |
|---|---|---|
| 謝金 | | 事業を実施するために追加的に必要となる資料整理、補助、専門的知識の提供、資料の収集等について協力を得た人に対する謝礼に必要な経費とする。<br>謝金の単価については、業務の内容に応じた常識の範囲を超えない妥当な根拠に基づき単価を設定する必要がある。<br>なお、事業実施主体に対し謝金を支払うことはできない。 |
| 旅費 | | 事業を実施するために追加的に必要となる事業実施主体が行う資料収集、各種調査、就業相談、研修の実施、監督・指導・検査、講師派遣、打合せ、会議等の実施に伴う旅行に必要な経費とする。 |
| 消耗品費 | | 事業を実施するために追加的に必要となる原材料、消耗品、消耗器材、各種事務用品等の経費とする。 |
| 燃料費 | | 事業を実施するために追加的に必要となる事業実施主体が行う研修等に使用する機械の燃料購入に必要な経費とする。 |
| 印刷製本費 | | 事業を実施するために追加的に必要となる文書、ポスター、パンフレット等の印刷製本の経費とする。 |
| 光熱水費 | | 事業を実施するために追加的に必要となる電気、水道等の使用料を支払うために必要な経費とする（通常の団体運営に伴って発生する事務所の経費は含まれない。）。 |
| 通信運搬費 | | 事業を実施するために追加的に必要となる電話・インターネット等の通信料、郵便料、諸物品の運賃等の経費とする（通常の団体運営に伴って発生する事務所の経費は含まれない。）。 |
| 広告料 | | 事業を実施するために必要となるマスメディアへの広告料の支払等に必要な経費とする。 |
| 委託料 | | 本事業の補助の目的である事業の一部分（例えば、事業の成果の一部を構成する調査の実施、研修の実施、監督・指導・検査、取りまとめ等）を他の民間団体・企業に委託するために必要な経費とする。<br>なお、委託料の内訳については、他の補助対象経費の内容に準ずるものとする。 |
| 使用料及び賃借料 | | 事業を実施するめに追加的に必要となる車両、器具機械、会場等の借上げに必要な経費とする（通常の団体運営に伴って発生する事務所の経費は含まれない。）。 |
| 資料購入費 | | 事業を実施するために追加的に必要となる専門誌、書籍等の購入に必要な経費とする。 |
| 教材費 | | 事業を実施するために追加的に必要となる教材等の作成・購入に必要な経費とする。 |
| 保険料 | | 体験活動等において、様々な事故による傷害や賠償責任などを補償するため、当該活動に参加する者が保険に加入するために必要な経費とする。<br>ただし、保険期間は、活動等開催日の午前0時から当該活動等終了日の午後12時までの間のうち、行事に参加するために所定の場所に集合した時から解散地で解散するまでの間で、かつ主催者の管理・監督下にある場合に限るものとする。 |
| その他 | | 事業を実施するために追加的に必要となる雇用に伴う社会保険料の事業主負担分の経費（「賃金」、「技術者給」を除く。」）、交通費（勤務地内を移動する場合の電車代等「旅費」で支給されない経費）など、ほかの費目に該当しない経費とする（通常の団体運営に伴って発生する事務所の経費は含まれない。）。 |

別紙様式第1号（第2のⅡの2の（1）のイの（ア）のa関係）

# 林業事業体安全診断報告書

## 01:事業体情報

| | |
|---|---|
| 所在 | |
| 名称 | |
| 代表者 | 連絡先[電話] |

## 02:労働者情報（役員、事務系職員を除く）　　単位：人

| 区分 | | 29歳以下 | 30～39 | 40～49 | 50～59 | 60歳以上 | 区分 | | 計 | うち新規者 |
|---|---|---|---|---|---|---|---|---|---|---|
| 主として伐出事業 | 男 | | | | | | 伐出 | 男 | 0 | |
| | 女 | | | | | | | 女 | 0 | |
| 主として造林事業 | 男 | | | | | | 造林 | 男 | 0 | |
| | 女 | | | | | | | 女 | 0 | |
| 主としてその他事業 | 男 | | | | | | その他 | 男 | 0 | |
| | 女 | | | | | | | 女 | 0 | |
| 計 | 男 | 0 | 0 | 0 | 0 | 0 | 計 | 男 | 0 | 0 |
| | 女 | 0 | 0 | 0 | 0 | 0 | | 女 | 0 | 0 |
| 合計 | | 0 | 0 | 0 | 0 | 0 | 合計 | | 0 | 0 |

## 03:安全管理体制　　　04:労働災害発生状況　　　単位：人

| 区分 | 選任の有無 | 区分 | ①死亡 | 休業災害 | | | 計 |
|---|---|---|---|---|---|---|---|
| | | | | (2)1ヶ月以上 | (3)4日以上 | (4)4日未満 | |
| 総括安全衛生管理者 | | 平成26年 | | | | | 0 |
| 安全管理者 | | 平成25年 | | | | | 0 |
| 安全衛生推進者 | | | | | | | |

## 05:労働災害の概要　（04:(1)若しくは(2)に該当するものについて記載）

## 06:診断項目

| | |
|---|---|
| Ⅰ:安全管理体制の確立と安全管理者等の職務の遂行について | ・現状<br>・問題点<br>・指摘事項 |
| Ⅱ:安全点検体制の確立と安全点検の実施について | ・現状<br>・問題点<br>・指摘事項 |
| Ⅲ:作業環境の改善について | ・現状<br>・問題点<br>・指摘事項 |
| Ⅳ:作業手順の確立と作業方法の改善について | ・現状<br>・問題点<br>・指摘事項 |
| Ⅴ:安全衛生教育の実施について | ・現状<br>・問題点<br>・指摘事項 |
| Ⅵ:安全活動の実施について | ・現状<br>・問題点<br>・指摘事項 |
| Ⅶ:総合所見について | |

※ 診断事項等を変更する場合は、内規として作成し、協議を行うものとする。

別紙様式第2号（第4のⅡ関係）

平成　年度「緑の雇用」現場技能者育成推進事業に係る知的財産権報告書

番　号
年月日

林野庁長官　殿

住　所
団体名
代表者名　印

　平成　年　月　日付け　林政経第　号で補助金の交付決定の通知があった「緑の雇用」現場技能者育成推進事業に関して、下記のとおり知的財産権の出願又は取得（譲渡、実施権の設定）をしたので、「緑の雇用」現場技能者育成推進事業実施要領第4のⅡの規定により報告する。

注）課題毎に記載すること。

記

1　課題（番号及び知的財産権の種類）

2　出願又は取得年月日

3　内容

4　相手先及び条件（譲渡及び実施権の設定の場合）

**別紙様式第3号（第5のⅢ関係）**

　　　　　　　　　　　　　　　　　　　　　　　　　　　　　　　　　　　番　号
　　　　　　　　　　　　　　　　　　　　　　　　　　　　　　　　　　　年月日

林野庁長官　殿

　　　　　　　　　　　　　　　　　　　　　　　　　　　　　　　住　所
　　　　　　　　　　　　　　　　　　　　　　　　　　　　　　　団体名
　　　　　　　　　　　　　　　　　　　　　　　　　　　　　　　代表者名　印

　　　　　　　平成　年度「緑の雇用」現場技能者育成推進事業交付決定前着手届

　「緑の雇用」現場技能者育成推進事業実施要領第5のⅢの規定に基づき、別記条件を了承の上、下記のとおり提出します。

　　　　　　　　　　　　　　　　　　記

1．事業費

2．着手予定年月日

3．交付決定前の着手を必要とする理由


（別記条件）
1．交付決定を受けるまでの期間に天災等の事由によって実施した施策に損失を生じた場合には、これらの損失は事業実施主体が負担すること。

2．交付決定を受けた交付金額が交付申請額又は交付申請予定額に達しない場合においても、異議を申し立てないこと。

3．当該事業については、着手から交付決定を受ける期間内においては、計画の変更は行わないこと。

## ４．森林・林業関係の主な問い合わせ先

### （１）林業労働力確保支援センター一覧

| 都道府県名 | 機関名 | 郵便番号 | 住　　所 | 電話番号 |
|---|---|---|---|---|
| 北海道 | 一般社団法人　北海道造林協会 | 060-0004 | 北海道札幌市中央区北4条西5丁目　林業会館6F | 011-200-1381 |
| 青森県 | 公益社団法人　あおもり農林業支援センター | 030-0801 | 青森県青森市新町二丁目4番1号　青森県共同ビル6階 | 017-732-5288 |
| 岩手県 | 公益財団法人　岩手県林業労働対策基金 | 020-0021 | 岩手県盛岡市中央通3丁目15番17号 | 019-653-0306 |
| 宮城県 | 公益財団法人　みやぎ林業活性化基金 | 980-0011 | 宮城県仙台市青葉区上杉二丁目4番46号 | 022-217-4307 |
| 秋田県 | 公益財団法人　秋田県林業労働対策基金 | 010-0931 | 秋田県秋田市川元山下町8-28　秋田県森林組合連合会館3F | 018-864-0161 |
| 山形県 | 公益財団法人　山形県みどり推進機構 | 990-2363 | 山形県山形市大字長谷堂字馬場2265番 | 023-688-6633 |
| 福島県 | 公益社団法人　福島県森林・林業・緑化協会 | 960-8043 | 福島県福島市中町5番18号　福島県林業会館内 | 024-521-3270 |
| 茨城県 | 公益社団法人　茨城県林業協会 | 310-0011 | 茨城県水戸市三の丸1丁目3番2号 | 029-225-5949 |
| 栃木県 | 公益社団法人　とちぎ環境・みどり推進機構 | 321-0974 | 栃木県宇都宮市竹林町1030-2　河内庁舎別館3階 | 028-624-3710 |
| 群馬県 | 一般財団法人　群馬県森林・緑整備基金 | 370-3503 | 群馬県北群馬郡榛東村大字新井2935番地 | 027-386-5901 |
| 埼玉県 | 公益社団法人　埼玉県農林公社 | 368-0034 | 埼玉県秩父市日野田町一丁目1番44号　秩父農林振興センター3階 | 0494-25-0291 |
| 千葉県 | 公益社団法人　千葉県緑化推進委員会 | 299-0265 | 千葉県袖ケ浦市長浦拓2号580番地148 | 0438-60-1521 |
| 東京都 | 公益財団法人　東京都農林水産振興財団 | 190-0013 | 東京都立川市富士見町3-8-1 | 042-528-0643 |
| 神奈川県 | 神奈川県森林組合連合会 | 243-0014 | 神奈川県厚木市旭町一丁目8番14号　グリーン会館3階 | 046-228-8665 |
| 新潟県 | 公益社団法人　新潟県農林公社 | 950-0965 | 新潟県新潟市中央区新光町15番地2 | 025-285-7711 |
| 富山県 | 公益社団法人　富山県農林水産公社 | 930-0096 | 富山県富山市舟橋北町4番19号　富山県森林水産会館6F | 076-441-6747 |
| 石川県 | 公益財団法人　石川県林業労働対策基金 | 920-0209 | 石川県金沢市東蚊爪町1丁目23番1 | 076-237-0121 |
| 福井県 | 公益財団法人　福井県林業従事者確保育成基金 | 918-8567 | 福井県福井市江端町20-1 | 0776-38-0345 |
| 山梨県 | 一般社団法人　山梨県森林協会 | 400-0016 | 山梨県甲府市武田1-2-5　山梨県治山林道協会内 | 055-242-6667 |
| 長野県 | 一般財団法人　長野県林業労働財団 | 380-0936 | 長野県長野市岡田町30-16 | 026-225-6080 |
| 岐阜県 | 公益社団法人　岐阜県森林公社 | 501-3756 | 岐阜県美濃市生櫛1612-2　岐阜県中濃総合庁舎1階 | 0575-33-4011 |
| 静岡県 | 公益社団法人　静岡県山林協会 | 420-8601 | 静岡県静岡市葵区追手町9番6号　県庁西館9階 | 054-255-4485 |
| 愛知県 | 公益財団法人　愛知県林業振興基金 | 460-0002 | 愛知県名古屋市中区丸の内3-5-10 | 052-953-3608 |
| 三重県 | 公益財団法人　三重県農林水産支援センター | 515-2316 | 三重県松阪市嬉野川北町530 | 0598-48-1227 |
| 滋賀県 | 一般社団法人　滋賀県造林公社 | 520-0807 | 滋賀県大津市松本一丁目2番1号 | 077-522-0307 |
| 京都府 | 公益社団法人　京都府林業労働支援センター | 604-8424 | 京都府京都市中京区西ノ京樋ノ口町123 | 075-821-9277 |
| 大阪府 | 一般社団法人　大阪府木材連合会 | 550-0013 | 大阪府大阪市西区新町3-6-9　大阪木材会館5F | 06-6538-7524 |
| 兵庫県 | 公益財団法人　兵庫県営林緑化労働基金 | 650-0013 | 兵庫県神戸市中央区花隈町12番6号　第三大知ビル | 078-361-8010 |
| 奈良県 | 公益財団法人　奈良県林業基金 | 630-8301 | 奈良県奈良市高畑町1116-6 | 0742-27-4860 |
| 和歌山県 | 一般社団法人　わかやま森林と緑の公社 | 649-2103 | 和歌山県西牟婁郡上富田町生馬1504－1 | 0739-83-2022 |
| 鳥取県 | 公益財団法人　鳥取県林業担い手育成財団 | 680-0947 | 鳥取県鳥取市湖山町西2丁目413番地　鳥取県森林組合連合会内 | 0857-28-0123 |
| 島根県 | 公益社団法人　島根県林業公社 | 690-0876 | 島根県松江市黒田町432-1　島根県土地改良会館3F | 0852-32-0253 |
| 岡山県 | 公益財団法人　岡山県林業振興基金 | 700-0866 | 岡山県岡山市北区南方二丁目5番10号 | 086-225-9382 |
| 広島県 | 一般財団法人　広島県森林整備・農業振興財団 | 730-0051 | 広島県広島市中区大手町4-2-16 | 082-541-5188 |
| 山口県 | 一般財団法人　やまぐち森林担い手財団 | 753-0048 | 山口県山口市駅通り2-4-17　山口県林業会館 | 083-932-5286 |
| 徳島県 | 公益財団法人　徳島県林業労働力確保支援センター | 770-0939 | 徳島県徳島市かちどき橋一丁目41番地　徳島県森林組合連合会内 | 088-622-8158 |
| 香川県 | 一般社団法人　香川県森林林業協会 | 760-0008 | 香川県高松市中野町23番2号 | 087-861-4353 |
| 愛媛県 | 公益財団法人　えひめ農林漁業振興機構 | 790-0003 | 愛媛県松山市三番町4-4-1　林業会館4F | 089-934-6153 |
| 高知県 | 公益財団法人　高知県山村林業振興基金 | 782-0078 | 高知県香南市土佐山田町大平80番地 | 0887-57-0366 |
| 福岡県 | 公益財団法人　福岡県水源の森基金 | 810-0001 | 福岡県福岡市中央区天神3-14-31　天神リンデンビル3階 | 092-712-1443 |
| 佐賀県 | 公益財団法人　佐賀県森林整備担い手育成基金 | 840-8570 | 佐賀県佐賀市城内一丁目1番59号　佐賀県庁林業課内 | 0952-25-7133 |
| 長崎県 | 一般社団法人　長崎県林業協会 | 854-0063 | 長崎県諫早市貝津町1122番地6 | 0957-25-0184 |
| 熊本県 | 公益財団法人　熊本県林業従事者育成基金 | 862-0950 | 熊本県熊本市中央区水前寺6-5-19　住宅供給公社ビル204号 | 096-340-1151 |
| 大分県 | 公益財団法人　森林ネットおおいた | 870-0844 | 大分県大分市大字古国府字内山1337番地の15　大分県林業会館新館2階 | 097-546-3009 |
| 宮崎県 | 公益社団法人　宮崎県林業労働機械化センター | 880-0802 | 宮崎県宮崎市別府町3番1号　宮崎日赤会館3階 | 0985-29-6008 |
| 鹿児島県 | 公益財団法人　鹿児島県林業担い手育成基金 | 899-5302 | 鹿児島県姶良市蒲生町上久徳182-1 | 0995-54-3131 |
| 沖縄県 | 一般社団法人　沖縄県森林協会 | 901-1105 | 沖縄県島尻郡南風原町字新川135番地 | 098-987-1804 |

## （2）都道府県森林組合連合会一覧

平成28年7月13日現在

| 連合会名 | 〒 | 住所 | TEL | FAX |
|---|---|---|---|---|
| 北海道森林組合連合会 | 060-0002 | 札幌市中央区北二条西１９丁目１－９ | 011-621-4293 | 011-644-3707 |
| 青森県森林組合連合会 | 030-0813 | 青森市松原１－１６－２５　青森県森林組合会館 | 017-723-2657 | 017-723-1505 |
| 岩手県森林組合連合会 | 020-0021 | 盛岡市中央通３－１５－１７　岩手県森林組合会館 | 019-654-4411 | 019-654-4420 |
| 宮城県森林組合連合会 | 980-0011 | 仙台市青葉区上杉２－４－４６　宮城県森林組合会館 | 022-225-5991 | 022-225-5994 |
| 秋田県森林組合連合会 | 010-0931 | 秋田市川元山下町８－２８ | 018-866-7421 | 018-866-7111 |
| 山形県森林組合連合会 | 990-2339 | 山形市成沢西４－９－３２ | 023-688-8100 | 023-688-8103 |
| 福島県森林組合連合会 | 960-8043 | 福島市中町５－１８　福島県林業会館 | 024-523-0255 | 024-523-0259 |
| 茨城県森林組合連合会 | 319-2205 | 常陸大宮市宮の郷2153-23 | 0294-70-3620 | 0294-76-1767 |
| 栃木県森林組合連合会 | 320-0046 | 宇都宮市西一の沢町８－２２　林業会館 | 028-637-1450 | 028-637-1454 |
| 群馬県森林組合連合会 | 379-2153 | 前橋市上大島町１８２－２０　県森連会館 | 027-261-0615 | 027-261-0697 |
| 埼玉県森林組合連合会 | 330-0063 | さいたま市浦和区高砂１－１４－１３　埼玉県林材会館 | 048-822-5266 | 048-822-3593 |
| 千葉県森林組合連合会 | 260-0854 | 千葉市中央区長洲１－１５－７ | 043-227-8231 | 043-227-8235 |
| 東京都森林組合連合会 | 190-0181 | 西多摩郡日の出町大久野７８５２ | 042-597-2881 | 042-597-1520 |
| 神奈川県森林組合連合会 | 243-0014 | 厚木市旭町１－８－１４　グリーン会館 | 046-228-1774 | 046-228-1783 |
| 新潟県森林組合連合会 | 950-2144 | 新潟市西区曽和５２１－３ | 025-261-7111 | 025-261-0526 |
| 富山県森林組合連合会 | 930-2226 | 富山市八町６９３１ | 076-434-3351 | 076-434-1794 |
| 石川県森林組合連合会 | 920-0209 | 金沢市東蚊爪町１－２３－１ | 076-237-0121 | 076-237-6004 |
| 福井県森林組合連合会 | 918-8567 | 福井市江端町２０－１　福井県林業総合センター | 0776-38-0345 | 0776-38-0379 |
| 山梨県森林組合連合会 | 409-3811 | 中央市極楽寺１２１４ | 055-273-0511 | 055-273-0549 |
| 長野県森林組合連合会 | 380-0936 | 長野市大字中御所字岡田３０－１６ | 026-226-2504 | 026-226-2225 |
| 岐阜県森林組合連合会 | 500-8356 | 岐阜市六条江東２－５－６　ぎふ森林文化センター | 058-275-4890 | 058-275-4899 |
| 静岡県森林組合連合会 | 420-8601 | 静岡市葵区追手町９－６　県庁西館９Ｆ | 054-253-0195 | 054-253-2328 |
| 愛知県森林組合連合会 | 460-0002 | 名古屋市中区丸の内３－５－１６　愛知県林業会館 | 052-961-9156 | 052-951-6958 |
| 三重県森林組合連合会 | 514-0003 | 津市桜橋１－１０４　三重県林業会館 | 059-227-7355 | 059-226-9257 |
| 滋賀県森林組合連合会 | 520-0801 | 大津市におの浜４－１－２０　滋賀県林業会館 | 077-522-4658 | 077-524-7885 |
| 京都府森林組合連合会 | 604-8424 | 京都市中京区西ノ京樋ノ口町１２３　京都府林業会館みどりの館 | 075-841-1030 | 075-841-1080 |
| 大阪府森林組合 | 569-1051 | 高槻市大字原１０５２－１ | 072-698-0950 | 072-689-4610 |
| 兵庫県森林組合連合会 | 650-0012 | 神戸市中央区北長狭通５－５－１８　兵庫県林業会館 | 078-341-5082 | 078-341-6936 |
| 奈良県森林組合連合会 | 630-8253 | 奈良市内侍原町６－１　奈良県林業会館 | 0742-26-0541 | 0742-27-3022 |
| 和歌山県森林組合連合会 | 640-8281 | 和歌山市湊通丁南４－１８　林業会館 | 073-424-4351 | 073-426-0957 |
| 鳥取県森林組合連合会 | 680-0947 | 鳥取市湖山町西２－４１３ | 0857-28-0121 | 0857-28-1235 |
| 島根県森林組合連合会 | 690-0886 | 松江市母衣町５５　島根県林業会館 | 0852-21-6247 | 0852-31-8606 |
| 岡山県森林組合連合会 | 700-0866 | 岡山市北区岡南町２－５－１０ | 086-222-7671 | 086-224-2655 |
| 広島県森林組合連合会 | 730-0012 | 広島市中区上八丁堀８－２３　林業ビル５Ｆ | 082-228-5111 | 082-223-5283 |
| 山口県森林組合連合会 | 753-0048 | 山口市駅通り２－４－１７　山口県林業会館 | 083-922-1955 | 083-922-1979 |
| 徳島県森林組合連合会 | 770-0939 | 徳島市かちどき橋１－４１　林業センタービル１Ｆ | 088-622-8158 | 088-626-5411 |
| 香川県森林組合連合会 | 760-0008 | 高松市中野町２３－２　香川県森林組合連合会館 | 087-861-4352 | 087-833-4525 |
| 愛媛県森林組合連合会 | 790-8582 | 松山市三番町４－４－１　愛媛県林業会館 | 089-941-0164 | 089-941-0550 |
| 高知県森林組合連合会 | 783-0055 | 高知県南国市双葉台７番地１ | 088-855-7050 | 088-855-7051 |
| 福岡県森林組合連合会 | 810-0001 | 福岡市中央区天神３－１０－２７　天神チクモクビル７Ｆ | 092-712-2171 | 092-721-9676 |
| 佐賀県森林組合連合会 | 840-0027 | 佐賀市本庄町大字本庄２７８番地４　佐賀県森林会館 | 0952-23-4191 | 0952-23-4192 |
| 長崎県森林組合連合会 | 854-0063 | 諫早市貝津町1122-6 | 0957-27-1755 | 0957-25-0193 |
| 熊本県森林組合連合会 | 861-8019 | 熊本市東区下南部２丁目１－５５ | 096-285-8688 | 096-285-8651 |
| 大分県森林組合連合会 | 870-0844 | 大分市大字古国府字内山１３３７－２０ | 097-545-3500 | 097-543-2491 |
| 宮崎県森林組合連合会 | 880-0805 | 宮崎市橘通東１－１１－１ | 0985-25-5133 | 0985-27-5910 |
| 鹿児島県森林組合連合会 | 892-0816 | 鹿児島市山下町９－１５ | 099-226-9471 | 099-223-5483 |
| 沖縄県森林組合連合会 | 901-1101 | 島尻郡南風原町字大名９５－１ | 098-888-0676 | 098-888-0268 |

※大阪府は府内全域で１つの森林組合のため連合会が存在しない。

| | |
|---|---|
| 2017年3月21日　第1版第1刷発行 | |

## 森林への誘い
### ─ 活躍する「緑の研修生」─

| | |
|---|---|
| 編　者 | 日本林業調査会（J-FIC） |
| カバー・デザイン | 峯元洋子 |
| 発行人 | 辻　潔 |
| 発行所 | 森と木と人のつながりを考える<br>㈱日本林業調査会<br>〒160-0004<br>東京都新宿区四谷2－8　岡本ビル405<br>TEL 03-6457-8381　FAX 03-6457-8382<br>http://www.j-fic.com/<br>J-FIC（ジェイフィック）は、日本林業調査会（Japan Forestry Investigation Committee）の登録商標です。 |
| 印刷所 | 藤原印刷㈱ |

定価はカバーに表示してあります。
許可なく転載、複製を禁じます。

Ⓒ 2017 Printed in Japan. Nihon Ringyo Chosakai.

ISBN978-4-88965-250-5

再生紙をつかっています。